医疗功能房间详图详解 I

总策划　董永青

编　著　北京睿勤永尚建设顾问有限公司

编　委　左厚才　赵　焱　傅馨延　杨　磊

　　　　马春萍　李晓露　赵冰飞　崔卫东

江苏凤凰科学技术出版社

序

　　《医疗功能房间详图详解Ⅰ》在北京睿勤永尚建设顾问有限公司创立十周年之际出版发行，这是睿勤公司在实践、总结、研究、改进、提升的发展过程中编写的第三本书，是公司员工集体智慧的结晶。

　　十年前，公司董事长董永青先生在经过医院建设宏观管理、医院建设项目实际操作和医院管理微观运行等一系列实践历练以后，创建了"北京睿勤医院建设顾问有限公司"，后改名为现在的"北京睿勤永尚建设顾问有限公司"。2007年，公司成立伊始，就确定要成为一个为医院建设项目提供前期策划、医疗工艺设计、概念性方案设计、医用设备与家具配置等系列服务的研究型医院建设项目专业咨询机构。

　　在睿勤公司的发展进程中，先后编写并出版了《医疗功能房间详图集Ⅰ》(以下简称《详图集Ⅰ》)和《医疗功能房间详图集Ⅱ》（以下简称《详图集Ⅱ》），汇集了公司在医院建设项目专业咨询实践中的研究成果。详图集的出版发行，适应了近年来医院建设项目快速发展的需要，为医院建设项目的设计者、项目的管理者和涉足医院建设的同行提供了一本非常实用的工具书，"短平快"地普及了医院建设项目中作为基本元素的功能房间详图，也为国家的医院建设贡献了绵薄之力。

　　《详图集Ⅰ》出版后，经过进一步的研究分析并结合读者对详图集使用后的反馈意见，公司又组织人力从《详图集Ⅰ》中精选出38个、从《详图集Ⅱ》中精选出15个，共53个常用功能房间，在原有详图的基础上增加必要的实景图、三维示意图、平面图［图中尺寸除注明者外，均以毫米（mm）为单位］和文字说明，按照门诊部、急诊部、住院部和医技科室四大基本功能排序，命名为"详图详解"，让读者更加清楚明了。

这些详图详解内容，已在公司的微信平台上陆续发布。应广大读者的要求，公司组织力量，将以往分散发布的内容汇集成册，编著出版"医疗功能房间详图详解"系列丛书，让医院建筑的设计者、项目管理者与咨询业同行使用起来更加方便。同时，也为公司成立十周年献上一份大礼。

祝愿北京睿勤永尚建设顾问有限公司的发展越来越好，为医疗卫生项目的建设做出更多贡献。

刘富凯

2018 年 1 月

目录

第一章 门诊部

一、标准诊室

1. 标准诊室功能简述

诊室是医生与患者直接交流、初步检查、初步诊断，并完成诊查记录的场所。在诊室完成的医疗行为是医生和患者共同参与的一般医疗活动，一般为一医一患，需要一定的活动空间，同时还要满足一定的隔声、隔视的隐私要求。此房型为医患共用入口方式，建议净面积不小于 10 m^2（图1）。

图 1　标准诊室

2. 标准诊室主要行为说明

标准诊室主要行为见图2。

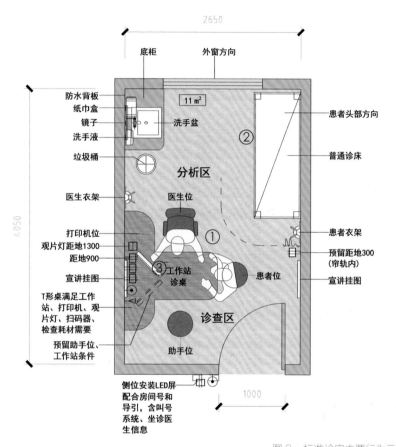

图2 标准诊室主要行为示意

（1）诊查区：医生进行问诊、初步检查及与患者交流的区域。配备医生座椅、患者座椅、助手座椅、诊桌，医生工作站包括诊桌、诊椅、观片灯、电脑、打印机等。

（2）检查区：设置诊床，患者头部朝向里侧，设隔帘，检查时注意保护患者隐私。

（3）T形桌可灵活使用，预留助手工位条件，既可办公，又可根据科室需求调整为患者家属座椅。

3.医生工作路径

医生在诊桌完成问诊、检查后，如需进一步检查需移步到检查床，完成检查后洗手，然后返回工位完成诊断、记录等工作。医生在独立区域内，以最短路径完成问诊、检查工作，避免和患者区域交叉（图3）。

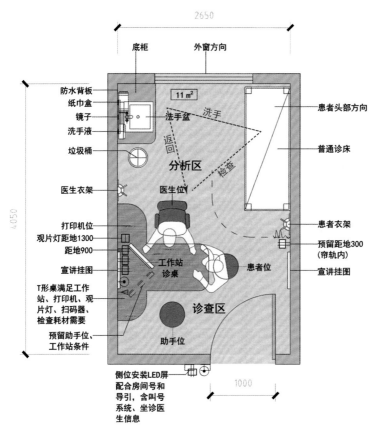

图3 医生工作路径示意

4. 患者就诊路径

患者接受诊查，然后离开。就诊区域、路径相对独立，减少医患区交叉（图4）。

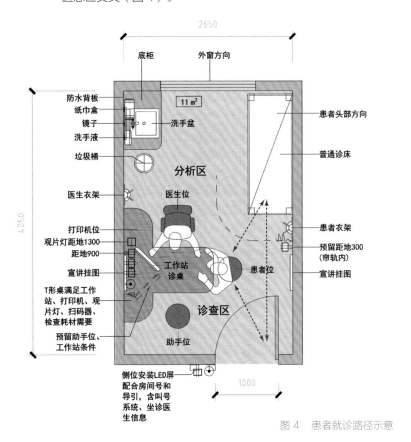

图4 患者就诊路径示意

5. 标准诊室家具、设备配置

标准诊室主要家具配置三维示意见图5。

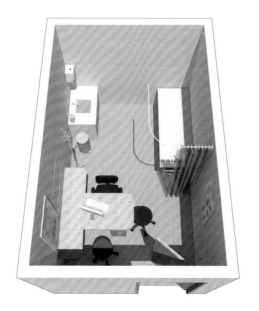

图 5　标准诊室主要家具配置三维示意

标准诊室家具、设备配置清单见表 1、表 2。

表 1　标准诊室家具配置清单

家具名称	数量	备注
诊桌	1	T 形桌，宜圆角
诊查床	1	
脚凳	1	
诊椅	1	可升降
圆凳	2	
衣架	2	
帘轨	1	L 形
洗手盆	1	洗手液、纸巾盒
垃圾桶	1	

表 2　标准诊室设备配置清单

设备名称	数量	备注
工作站	1	包括显示器、主机、打印机
LED	1	
观片灯	1	

二、耳鼻喉科诊室

1. 耳鼻喉科诊室功能简述

耳鼻喉科诊室是专业进行耳鼻喉专科检查治疗的场所，医生一般需要借助耳鼻喉科专业检查台对患者进行检查治疗，空间一般需要考虑一医一患的行动空间。

耳鼻喉科诊室可以是单独房间，也可以是开放空间，需分出隔断诊间。可按标准诊室预留条件。由于此诊室需要靠灯光和反光镜检查诊断，防止阳光直射，因此建议北向布置。

2. 耳鼻喉科诊室主要行为说明

耳鼻喉科诊室主要行为见图 6。

（1）诊查区：通过专业设备对患者进行问诊、检查。设置患者检查座椅、耳鼻喉综合治疗台、可移动内镜等（图 7、图 8）。

（2）分析区：医生对检查结果进行分析并书写报告。设置医生座椅、医生工作站、器械药品柜、整理台等，整理台可用于检查中使用物品的临时存放。

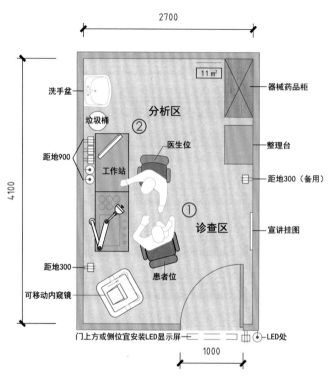

图 6　耳鼻喉科诊室主要行为示意

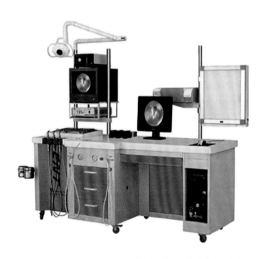

图 7　耳鼻喉综合治疗台

图 8　可移动鼻内镜

3. 耳鼻喉科诊室家具、设备配置

耳鼻喉科诊室主要家具配置三维示意见图9。

图9　耳鼻喉科诊室主要家具配置三维示意

耳鼻喉科诊室家具、设备配置清单见表3、表4。

表3　耳鼻喉科诊室家具配置清单

家具名称	数量	备注
诊桌	1	宜圆角
诊椅	1	可升降带靠背
储物药品柜	1	
座椅	1	
衣架	2	
整理台	1	
洗手盆	1	洗手液、纸巾盒
垃圾桶	1	

表4　耳鼻喉科诊室设备配置清单

设备名称	数量	备注
工作站	1	包括显示器、主机、打印机
LED	1	
观片灯	1	

三、妇科诊室

1. 妇科诊室功能简述

妇科门诊患者在一定程度上因疾病或者其他因素易产生不良心理状态，因此在诊室的设计及布局等方面应考虑与普通诊室的区别。

妇产科门诊应自成一区，可设单独出入口。妇科应增设隔离诊室及妇科检查室。有别于普通诊室的设置，妇科诊室应更加注重患者隐私的保护。妇科就诊患者诊查时间较长，因此应设置合理的二次候诊空间。此外，检查区的操作行为较多，应做好洁污分区（图10）。

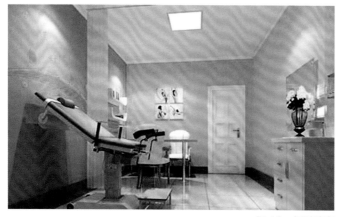

图 10　妇科诊室

2. 妇科诊室主要行为说明

妇科诊室主要行为见图 11。

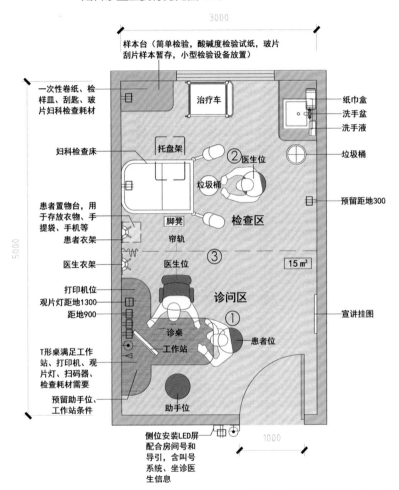

图 11　妇科诊室主要行为示意

（1）此房型为一医一患式，诊问区设置医生工作站，包括诊桌、诊椅、观片灯、电脑、打印机等。

（2）检查区设置妇科检查床（图 12）、治疗车、洗手盆等。由于妇科检查较多，需要留取标本，应设置样本台，用于标本暂存。

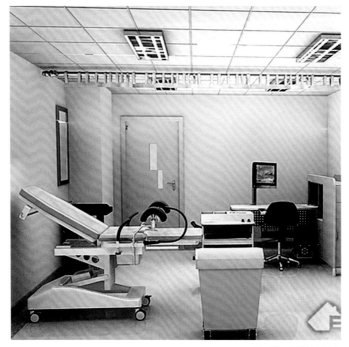

图 12　妇科检查床

（3）诊问区与检查区间设置隔帘，检查操作中注意保护患者隐私。

《综合医院建筑设计规范》（GB 51039—2014）中对门诊诊查用房的设置要求为：单人诊查室的开间净尺寸不应小于 2.5 m，使用面积不应小于 8.0 m²。由于妇科诊室需要开展检查工作，开间净尺寸不应小于 2.7 m，面积不应小于 15 m²。

随着患者对舒适度和隐私关注度的不断提升，妇科诊室已经出现共享检查室、独立检查室等诊室组合模式，诊疗模式和就诊感受都出现新的变化。此外，诊室的房间设计宜选择温暖而安稳的颜色，布局整洁、舒适，并做好房间消毒工作，避免发生感染。

3.妇科诊室家具、设备配置

妇科诊室家具、设备配置清单见表 5、表 6。

表 5　妇科诊室家具配置清单

家具名称	数量	备注
诊桌	1	T 形桌，宜圆角
诊查床	1	
脚凳	1	
诊椅	1	可升降
圆凳	2	
衣架	2	
帘轨	1	L 形
洗手盆	1	洗手液、纸巾盒
垃圾桶	1	

表 6　妇科诊室设备配置清单

设备名称	数量	备注
工作站	1	包括显示器、主机、打印机
LED	1	
观片灯	1	

四、特需诊室

1. 特需诊室功能简述

随着国民经济的迅速发展，在满足基本医疗服务需求的同时，医疗服务正在向更加人性化、个性化的需求方向发展，同时呈现出复合性、多样性、多层次性的需求特点，于是，特需医疗服务应运而生。

特需诊室适用于预约式门诊，患者在护士的引导或帮助下进入诊室，医生首先进行问诊，然后根据需要于诊查床上进行体格检查（图13）。此房型为医患共用入口方式。

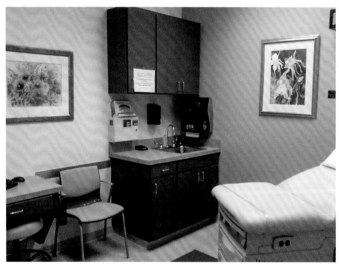

图13　特需诊室

2. 特需诊室主要行为说明

特需诊室主要行为见图 14。

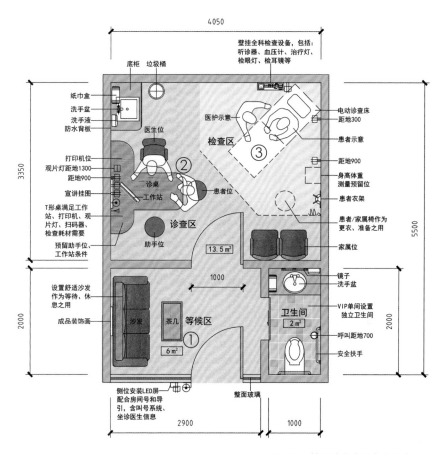

图 14 特需诊室主要行为示意

（1）等候区：就诊前或就诊中，患者或家属可在此区域等候。独立等候区设置沙发、茶几、独立卫生间，保障患者隐私，改善就医环境。

（2）诊查区：设置T形诊桌、医生工作站、医生座椅、患者座椅、助手座椅、洗手盆。医生在此区域完成问诊及初步检查。

（3）检查区：完成问诊和初步检查后，如有需要医生在检查区为患者进行体格检查。设置诊床、隔帘，注意保护患者隐私。

3. 医生工作路径

医生在独立区域内，以最短路径完成问诊、检查工作，避免和患者区域交叉（图15）。

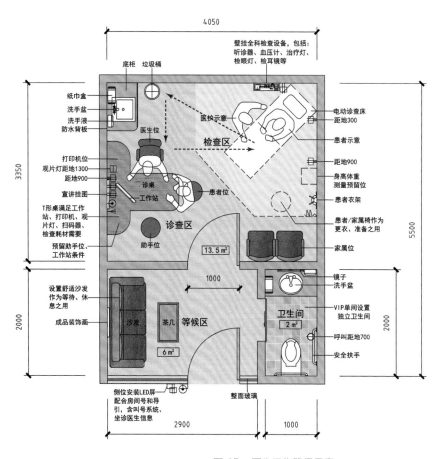

图 15　医生工作路径示意

4. 特需诊室家具、设备配置

特需诊室主要家具配置三维示意见图 16。

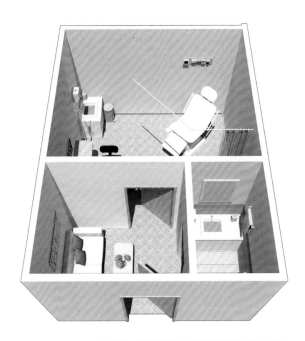

图 16　特需诊室主要家具配置三维示意

特需诊室家具、设备配置清单见表 7、表 8。

表 7　特需诊室家具配置清单

家具名称	数量	备注
诊桌	1	T 形桌，宜圆角
诊椅	1	可升降带靠背
诊床	1	电动，可升降
座椅	2	
衣架	2	

续表 7

家具名称	数量	备注
洗手盆	2	洗手液、纸巾盒
垃圾桶	2	垃圾分类
帘轨	1	
沙发	1	
茶几	1	

表 8　特需诊室设备配置清单

设备名称	数量	备注
工作站	1	包括显示器、主机、打印机
LED	1	
观片灯	1	

五、口腔科诊室

1. 口腔科诊室功能简述

与其他临床科室相比，口腔科有其特殊性。口腔科的检查、治疗所需要的材料和器械琐碎繁多，感染控制要求更加严格。诊室可以为单独房间，也可以是大空间分出隔断诊间。

以单间诊室为例，房间可分为操作区和辅助区。口腔科强调医护配合，并且从医院感染控制、工作效率和医疗质量等方面考虑，口腔科医疗空间需进行"四手操作"，即一名医生和一名护士共同参与检查治疗（图 17）。

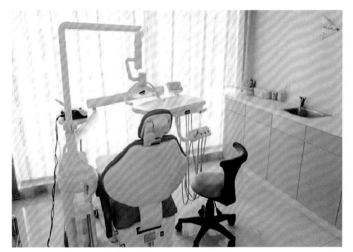

图 17 口腔科诊室

2. 口腔科诊室主要行为说明

口腔科诊室主要行为见图 18。

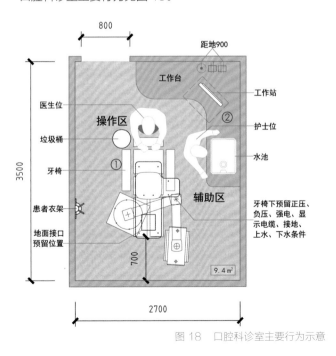

图 18 口腔科诊室主要行为示意

（1）操作区：配备综合治疗牙椅一台，设置医生位、护士位。牙椅头侧应背对入口，面向自然光方向摆放（图19）。

（2）辅助区：进行操作物品准备、病历录入等工作。设置操作台、医生工作站、水池等。

图 19　口腔科诊室大开间

对于大空间诊室，可用半开放隔断区间，每椅中距不应小于1.8 m，椅中心距墙不应小于 1.2 m。每个隔断区均应配备洗手池（图20）。

图 20　口腔科诊室洗手池

六、分诊候诊单元

1. 分诊候诊单元功能简述

门诊是反映医院医疗状况的窗口，也往往是人流密集、声音嘈杂的场所。因此，分诊候诊单元的环境、面积、设施、服务等因素直接影响着就诊秩序和医患的情绪。候诊单元是为患者在就医中提供等待和休息的场所。门诊宜分科候诊，在门诊量小时也可合科候诊。可采用医患通道分设、电子叫号、预约挂号、分层挂号收费等方式（图21）。

图21 门诊分诊候诊单元

2. 分诊候诊单元主要行为说明

分诊候诊区主要行为见图22。

（1）候诊区：候诊区座椅数量可根据高峰期门诊量、陪伴系数、诊室数量及就诊时间等进行测算。《综合医院建筑设计规范》（GB 51039—2014）中要求：利用走廊候诊时（二次候诊），单侧候诊走道净宽不应小于2.4 m，两侧候诊走道净宽不应小于3.0 m（图23）。

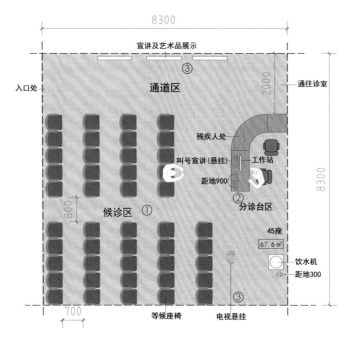

图 22　分诊候诊区主要行为示意

图 23　候诊区一

（2）分诊台区：设护士站，护士根据患者挂号排序和病情安排患者到相应的诊室顺序就医。需要时还要对患者进行预检等工作。

（3）通道区：可设置专科医疗知识宣传资料展示、媒体视频等，方便患者在等候时观看，获得健康宣教知识。

为患者创造布局合理、舒适安静的候诊环境，有利于维持良好的候诊秩序，减轻患者等候中的负面情绪，避免就诊时的混乱和拥挤，增加患者的信任度和满意度（图24）。

图24 候诊区二

七、收费挂号单元

1. 收费、挂号单元功能简述

门诊收费、挂号单元是直接面向社会的重要窗口，是医院服务形象的展示平台。其服务质量不仅会影响到医院的日常运行、反映医院整体的服务水平，同时也会影响到患者的就医体验。收费、挂号窗口一般设置在门诊大厅靠近入口位置。为避免集中挂号的拥挤问题、减少患者排队等候时间，可设置分层收费挂号窗口，优化门诊流程（图25）。

图 25　门诊收费挂号单元

2. 收费挂号区主要行为说明

收费挂号区主要行为见图 26。

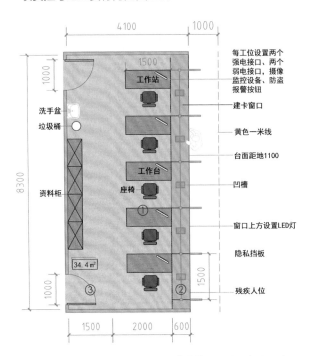

图 26　收费挂号区主要行为示意

（1）工位：工位采用侧向窗口设计和布置，增加了工作台面的使用空间，利于电脑、打印机、点钞机等物品摆放。同时缩短了工作人员和窗口的距离，便于钱款、票据的传递。

（2）窗口台面距地 1.1 m 高，还应考虑轮椅患者，设置无障碍收费窗口。工作人员座位平视高度约 1.2 m。

（3）房间还需设置监控、报警、声音采集等设备系统。入口安装防盗门，确保人员安全。

随着就诊人数的不断增多，原有系统已经很难应对众多病人排队、等候时间长的问题，同时伴随着医院管理水平的提高和"数字化医院"的深入建设，很多医院都实行了"一站式"服务，如手机 APP 预约挂号、电话挂号、现场自助挂号等（图 27）。

图 27　自助挂号区

八、平车、轮椅停放区

1. 平车、轮椅停放区功能简述

平车、轮椅在临床上主要用于急重症患者和行动不便患者的转运及协助运送检查等。通常急诊、住院处、病房等单元都需要经常使用。平车、轮椅应有专门区域停放，便于管理及避免占用走廊、大厅等公共区域（图28）。

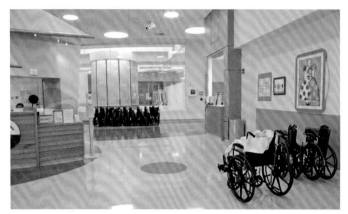

图28　门诊大厅平车轮椅停放区

2. 平车、轮椅停放区主要行为说明

平车、轮椅停放区主要行为见图29。

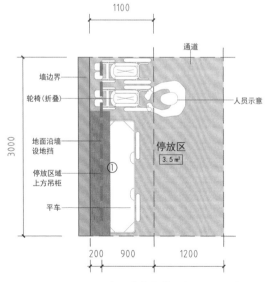

图29　平车、轮椅停放区主要行为示意

　　平车、轮椅停放区在设计时可利用建筑结构的凹凸关系，在凹口处停放平车和轮椅，不会占用通道，较适用于住院病房或平车、轮椅数量少的区域。

　　另外，也可在手术室走廊一侧标出平车停放专用区域（图30）。

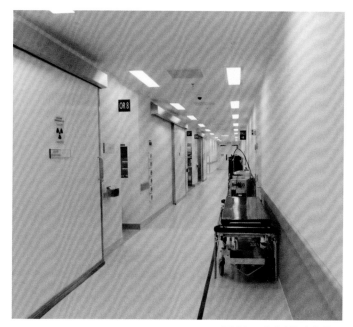

图 30　手术室平车停放区

九、注射室

1. 注射室功能简述

　　皮试是皮肤（或皮内）敏感试验的简称。某些药物在临床使用过程中容易发生过敏反应，其中以过敏性休克最为严重，甚至有死亡风险。

注射室，是进行肌肉注射和皮肤敏感试验的治疗室。注射室需满足坐姿注射的功能需求，同时需要设置一间等候观察室，对出现轻微反应的病人进行观察和及时处理。室内应分设座椅区和床位区。

2. 注射室主要行为说明

注射室主要行为见图 31。

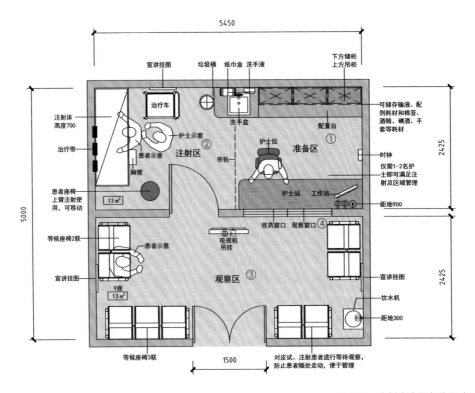

图 31 注射室主要行为示意

（1）准备区：护士进行处方核对、药液配置及用物准备的区域，应设护士工作站、配置台、洗手盆，设置时钟计时。护士通过收药窗口接收药品和处方，在配置台进行药液配制。配置台上方及下方设储物柜。

（2）注射区：设置注射用座椅和治疗床。皮试注射在座椅上完成，肌肉注射需在治疗床上进行。该区域需设置隔帘以保护患者隐私。治疗床区域需设置设备带，包括正负压和氧气，以确保患者在出现过敏反应时得到及时处理。

（3）观察等候区：患者皮试期间及注射后的观察需在此区域休息、等候，设置座椅、电视、饮水机、相关知识的宣讲挂图。护士应告知患者需观察和等候的时间，在此期间不得随意走动或离开（图32）。

（4）观察窗口：护士还可通过观察窗口随时观察患者情况。

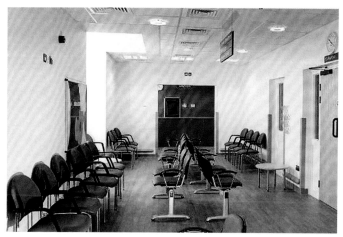

图32 观察等候区示意

3. 患者路径

患者通过收药窗口递交处方及药品后在注射区完成注射，之后在观察区等候，到达观察时间后，经护士判断无不良反应发生后方可离开（图33）。

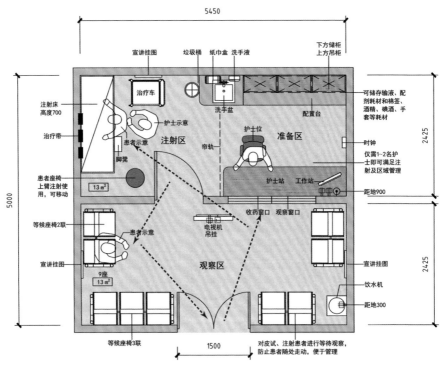

图33　患者路径示意

4. 护士路径

护士通过收药窗口接收处方及药品，核对无误后于配置台准备药品，然后在注射区完成治疗，再返回准备区，洗手（图34）。

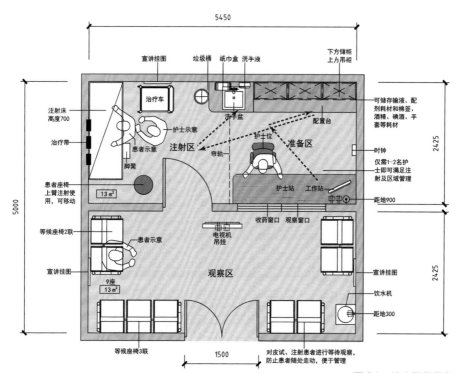

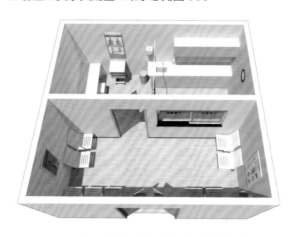

图 34　护士路径示意

5. 注射室家具、设备配置

注射室主要家具配置三维示意见图 35。

图 35　注射室主要家具配置三维示意

注射室家具、设备配置清单见表 9、表 10。

表 9　注射室家具配置清单

家具名称	数量	备注
治疗床	1	宜安装一次性床垫卷筒纸
患者座椅	1	肌注用座椅，可升降
帘轨	1	直线形
衣架	1	
洗手盆	1	洗手液、纸巾盒
垃圾桶	2	垃圾分类
配剂台	1	
座椅	10	等候区

表 10　注射室设备配置清单

设备名称	数量	备注
工作站	1	包括显示器、主机、打印机
电视机	1	

十、联合会诊室

1. 联合会诊室功能简述

可用于临床各个科室，用于疑难病例的多科室、多专业的联合会诊，或进行病例讨论。参加会诊人员一般为各专业专家、主任、主治医师等。房间要求设置影音系统、电话、网络端口、足够的电源及接口。

联合会诊室一般设置在相对安静的区域，可根据科室规模、人员数和使用频率及临床实际情况来确定其面积大小。

2. 联合会诊室主要行为说明

联合会诊室主要行为见图 36。

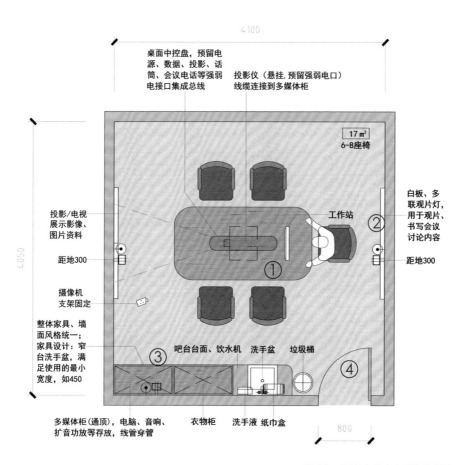

图 36 联合会诊室主要行为示意

（1）会诊讨论区：设置会议桌椅，满足会议、示教、远程会诊等使用需求。设置电话、投影、会议摄像等强弱电接口。

（2）多媒体设备：投影、电视，满足会诊、授课、远程会诊使用（图37）。另一侧设置白板、观片灯。

（3）设置吧台及储物柜，配备饮水机，储物柜可存放书籍、资料等。

（4）入口设置门禁，防止无关人员进入，确保重要文件和设备的安全。

图 37　远程会诊室

3. 联合会诊室家具、设备配置

联合会诊室主要家具配置三维示意见图 38。

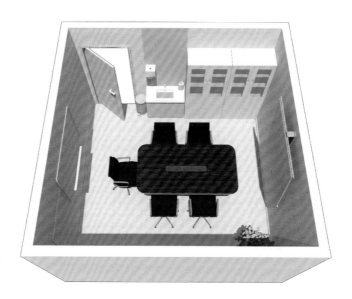

图 38　联合会诊室主要家具配置三维示意

联合会诊室家具、设备配置清单见表 11、表 12。

表 11　联合会诊室家具配置清单

家具名称	数量	备注
储物柜	1	
座椅	20	
会议桌	1	
洗手盆	1	洗手液、纸巾盒
白板	1	

表 12 联合会诊室设备配置清单

设备名称	数量	备注
液晶显示器	1	
液晶电视	1	
观片灯	1	
投影	1	

十一、治疗准备室

1. 治疗准备室功能简述

医院门诊的输液室常常是人满为患，如果护士在完全开放的治疗室完成输液配置工作，易造成微粒、热源、活性微生物的污染。为提高静脉输液的安全性，很多医院都建立了独立的治疗准备室，规范配置，促进合理用药，以减少输液反应的发生。

治疗准备室应当设于人员流动较少的安静区域，便于医护人员的沟通和成品的运送，设置地点应远离各种污染源（图 39）。

图 39 治疗准备室

2. 治疗准备室主要行为说明

治疗准备室主要行为见图 40。

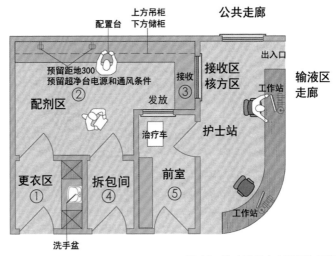

图 40 治疗准备室主要行为示意

治疗准备室包括洁净区和辅助工作区。配剂区、更衣区为洁净区，拆包间、前室、护士站为辅助工作区。

（1）更衣区：操作人员进入配剂间前应洗手、更衣。

（2）配剂间：设置药品配置台、储物柜。为满足更高的净化要求，可预留超净台电源，设置超净工作台。

（3）房间还应留有处方接收及药品发放两个窗口。

（4）拆包间：药品通过物流的多次流转才送到医院，外包装多为污染状态，因此应设置药品拆包间，去除大的外包装后再进入配剂区。

（5）前室：配置完成的药品通过发放窗口传递到前室，护士在此区域进行输液前的准备工作，之后将药品运送到输液区。

此外，不同区域之间的人流和物流出入走向合理，不同洁净级别区域间应当有防止交叉污染的相应设施（图 41）。

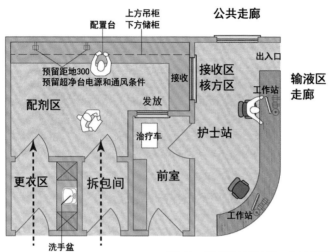

图41　治疗准备室人流、物流示意

3. 治疗准备室家具、设备配置

治疗准备室家具、设备配置清单见表13、表14。

表13　治疗准备室家具配置清单

家具名称	数量	备注
操作台	2	
药品柜	2	
更衣柜		
洗手盆	1	洗手液、纸巾盒
垃圾桶	1	
座椅	4	
治疗车	2	

表 14　治疗准备室设备配置清单

设备名称	数量	备注
工作站	2	护士工作站
超净台	2	可预留电源

十二、雾化治疗室

1. 雾化治疗室功能简述

雾化吸入疗法是用雾化装置将药物（溶液或粉末）分散成微小的雾滴或微粒，使其悬浮于气体中，通过患者呼吸进入呼吸道及肺内，达到洁净气道、湿化气道、局部治疗（解痉、消炎、祛痰）及全身治疗的目的。

雾化治疗室适用于耳鼻喉科、呼吸内科、儿科等，宜设置在门诊相对安静、通风良好的区域。房间面积在 20 m² 以上，可满足多人同时进行雾化治疗，具体座位数量可根据门诊量进行评估、测算（图 42）。

图 42　雾化治疗室

2. 雾化治疗室主要行为说明

雾化治疗室主要行为见图 43。

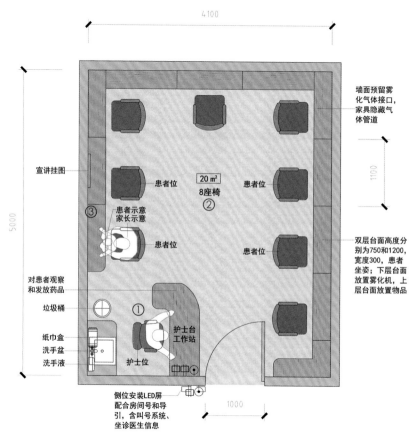

图 43 雾化治疗室主要行为示意

（1）小型护士站：护士在此进行药品发放、垃圾处理、治疗中观察患者反应等工作。小型护士站设置护士台、座椅、洗手盆、分类垃圾箱等。

（2）雾化治疗区：设置患者座椅、治疗桌，儿科雾化治疗室设置儿童座椅（图44）。治疗区应配备综合治疗带，包括雾化用供氧、正压等。

图44　儿童雾化治疗室

儿童雾化治疗室在颜色、照明等细节设计上应考虑其年龄及心理特点，要营造明快轻松的治疗氛围，消除患儿紧张感。

（3）治疗桌用于放置雾化机（图45），雾化用药应有独立的配剂区，和治疗区分开设置。

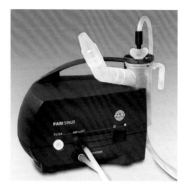

图 45　雾化机

3. 雾化治疗室家具、设备配置

雾化治疗室家具、设备配置清单见表 15、表 16。

表 15　雾化治疗室家具配置清单

家具名称	数量	备注
护士台	1	小型
治疗桌	8	宜圆角
座椅	8	带靠背
洗手盆	1	洗手液、纸巾盒
垃圾桶	2	感应式污物柜
治疗车	1	

表 16　雾化治疗室设备配置清单

设备名称	数量	备注
工作站	1	包括显示器、主机
雾化机	8	
治疗带	2	包括氧气、正负压

第二章 急诊部

一、输液室

1. 输液室功能简述

输液室是医院重要的服务窗口，存在患者多、流动性大、病种多、输液药品繁杂的问题。此外，由于患者在输液过程中等候时间较长，易产生烦躁情绪，因此，输液室的环境和布局应尽可能整洁、舒适、温馨。

输液室是用于急诊、门诊输液的治疗室，需与注射室、护士站、治疗准备室邻近，宜设观察床、急救设施，以应对药物不良反应等突发状况。还应注意输液座椅间距，需满足治疗车通过及护士操作所需的空间（图46）。

图 46 输液室

2. 输液室主要行为说明

输液室主要行为见图 47。

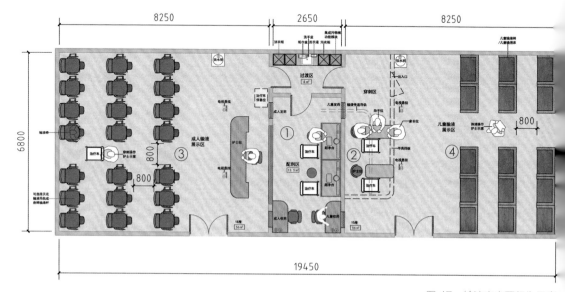

图 47　输液室主要行为示意

（1）配剂区（13.5 m²）：设置收发药窗口、配剂台、耗材柜，可根据情况设置输液传递导轨，用于传递输液药品。此外，应另设过渡区（4 m²），配置洗手盆、洁衣柜、污衣柜。

（2）穿刺区（10 m²）：位于儿童输液区，设置儿童穿刺台（图 48）、治疗车，输液用药可通过导轨由配剂区传递。

（3）输液区（成人 56 m²）：布置输液座椅和护士站，应注意座椅间间距，方便护士操作及治疗车通过，并面向护士站设置，便于监护。为缓解患者输液等候及输液中的不良情绪，可在输液区设置电视。座椅扶手处可设置呼叫器。

（4）输液区（儿童 46 m²）：儿童输液区的环境布置宜增加童趣，消除患儿的恐惧感。

图 48　儿童输液穿刺台

3. 输液室家具、设备配置

输液室主要家具配置三维示意见图 49。

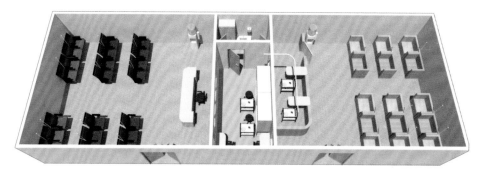

图 49　输液室主要家具配置三维示意

输液室家具、设备配置清单见表 17、表 18。

表 17　输液室家具配置清单

家具名称	数量	备注
座椅	42	输液椅
治疗车	4	
护士站	1	
洗手盆	1	洗手液、纸巾盒
儿童穿刺台	2	
垃圾桶	4	感应污物柜
配剂台	2	超净台
输液传递导轨	1	
污衣柜、洁衣柜	4	各2个

表 18　输液室设备配置清单

设备名称	数量	备注
治疗带	7	正负压、氧气
饮水机	1	
电视机	2	

二、急诊抢救室

1. 急诊抢救室功能简述

急诊抢救室，是急诊用房，一般设立在急诊楼一层，靠近抢救大厅，用于对各种原因引起的心跳骤停实施救护和操作，以保护心、脑等重要器官。房间内应设置呼吸机、除颤仪、起搏器、心电图机等急救设备及各种抢救药品、物品。抢救室应直通门厅，面积不应小于每床 30 m²。一般参与抢救人员较多，应注意床旁保持整洁，不要摆放过多物品（图 50）。

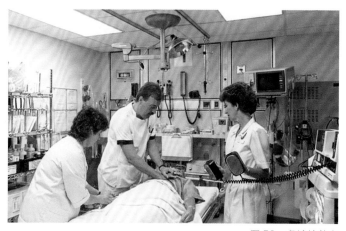

图 50　急诊抢救室

2. 急诊抢救室主要行为说明

急诊抢救室主要行为见图 51。

（1）抢救区：预留气道小组位，急诊医生或麻醉科医生进行气管插管，建立人工气道辅助通气的位置（需在患者床头进行操作）；巡回护士位，负责抢救记录的书写、物品的传递；抢救区吊塔配有监护仪、输液泵、微量泵、正负压、氧气等（图52）。

（2）抢救床床头和墙面之间应留有一定距离。

（3）储物区：上方储物柜存放一次性医疗耗材，下方储物柜存放输液用液体。

（4）仪器设备存放区：存放心电图机、除颤仪、急救车（图53），并应在固定位置摆放，方便及时取用，并定期检测。急救车内药品和抢救物品要定期清点，并留有记录。

（5）移动工作站：完成抢救后记录的书写、录入，配有计算机、打印机、网络等。

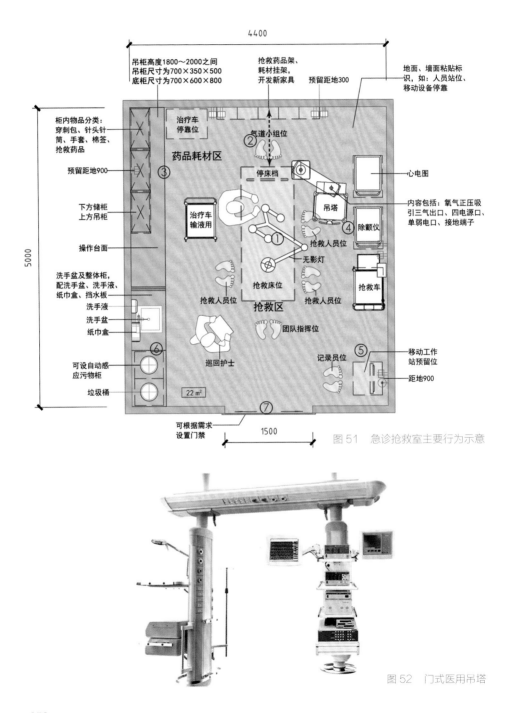

图 51 急诊抢救室主要行为示意

图 52 门式医用吊塔

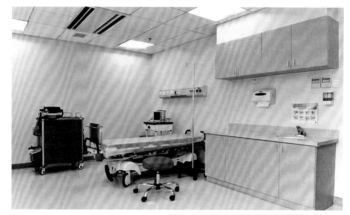

图 53　急救车存放示意

（6）洗手盆：应设置感应式水龙头。分类垃圾：设置自动感应式污物柜，避免接触。

（7）入口应设置门禁，避免家属或其他无关人员随意进出，确保安全。根据《综合医院建筑设计规范》（GB 51039—2014）的要求，抢救室门的净宽不应小于 1.4 m。

3. 急诊抢救室家具、设备配置

急诊抢救室主要家具配置三维示意见图 54。

图 54　急诊抢救室主要家具配置三维示意

急诊抢救室家具、设备配置清单见表 19、表 20。

表 19   急诊抢救室家具配置清单

家具名称	数量	备注
抢救床	1	电动
抢救车	1	存放急救药品、物品
洗手盆	1	洗手液、纸巾盒
垃圾桶	2	感应污物柜
药品柜	1	药品、耗材储存
配剂台	1	

表 20   急诊抢救室设备配置清单

设备名称	数量	备注
无影灯	1	
吊塔	1	
治疗带	1	正负压、氧气
抢救设备	若干	
移动工作站	1	医生工作站

三、清创室

1. 清创室功能简述

急诊科作为医院的"对外窗口"和急救通道，承担着各类急危重症首诊抢救任务，每天都要接收大量各种意外伤害事件及灾害事件的伤者，外伤患者占有很大一部分比例，因此，清创室的设置在急诊科显得尤为重要。

清创室用于急诊外伤的清创、缝合、换药等处理工作。需设置无影灯、手术床（治疗床）、器械柜、手术用清创缝合包、常用治疗及消毒用品等。房间应布局合理，分区明确。无菌物品和污染物品分开放置，并严格执行无菌操作。室内须定时进行空气消毒，定期进行感染监控（图55）。

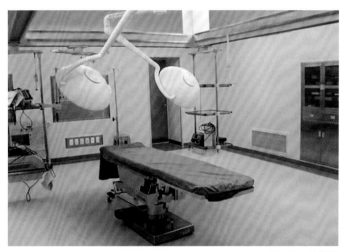

图55 清创室

2. 清创室主要行为说明

清创室主要行为见图56。

（1）无菌操作区：是医生进行清创、换药、缝合等操作的区域，应严格执行无菌操作原则。医生应换上手术衣。操作区设置无影灯、手术床、托盘架、治疗车或移动清创车（图57）等。

（2）清洁区：凡未被病原微生物污染的区域称为清洁区。

清洁储物区用于存放无菌物品及医疗耗材等。储物区通过整体柜的功能模块组合，实现功能划分，且与医生操作区相对独立，减少相互影响。下方操作台可供护士进行用物准备。移动工作站也为清洁区，设置医生工作站。

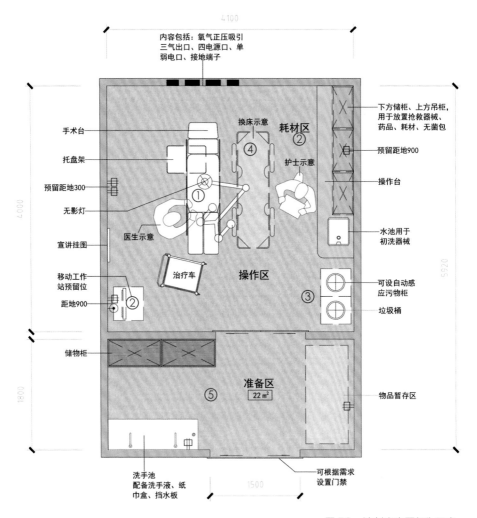

内容包括: 氧气正压吸引三气出口、四电源口、单弱电口、接地端子

手术台
托盘架
预留距地300
无影灯
宣讲挂图
移动工作站预留位
距地900
储物柜

换床示意
耗材区②
护士示意
医生示意
治疗车
操作区③
操作区

下方储柜、上方吊柜,用于放置抢救器械、药品、耗材、无菌包
预留距地900
操作台
水池用于初洗器械
可设自动感应污物柜
垃圾桶

准备区⑤
22 m²

物品暂存区

洗手池
配备洗手液、纸巾盒、挡水板

可根据需求设置门禁

图 56   清创室主要行为示意

(3)污染区:污物及医疗垃圾收集区,注意垃圾分类,设置感应式污物柜。

(4)换床区:急诊清创的很多病人需要用平车进行转运,此区域应预留足够空间供推床、换床使用。

(5)更衣准备区:满足操作区的辅助需求,如医生洗手、

图 57　移动清创车

更衣、物品暂存等。设置刷手池、感应式水龙头，医护人员更衣前洗手；储物柜可存放医疗器械、小型医疗设备等物品。

（6）物品暂存区：不能带入操作区的个人物品暂存区域。

3. 清创室家具、设备配置

清创室主要家具配置三维示意见图 58。

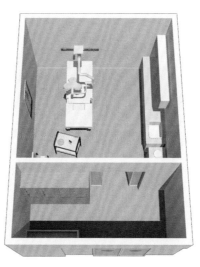

图 58　清创室主要家具配置三维示意

清创室家具、设备配置清单见表21、表22。

表21　清创室家具配置清单

家具名称	数量	备注
手术床	1	
治疗车	1	
移动清创车	1	
洗手盆	1	洗手液、纸巾盒
托盘架	1	
垃圾桶	2	感应污物柜
操作台	1	
刷手池	1	

表22　清创室设备配置清单

设备名称	数量	备注
无影灯	1	
治疗带	1	正负压、氧气
移动工作站	1	医生工作站

四、急诊诊室——双入口式

1. 急诊诊室功能简述

急诊科是抢救急、危、重症病人的重要场所，前来就诊病人的一般情况和病情往往和门诊病人有很大区别，因此在诊室设置、布局等方面也有其特殊要求和特点。急诊科入口应当通畅，设有无障碍通道，方便轮椅、平车出入。就诊流程应便捷通畅，建筑格局和设施应当符合医院感染管理的要求。

4.2 急诊诊室主要行为说明

急诊诊室主要行为见图 59。

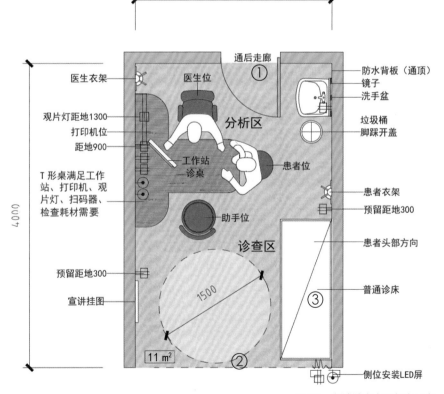

图 59 急诊诊室主要行为示意

（1）本房型房间设置于急诊"流水"区。与门诊标准诊室不同，急诊诊区通常为大空间"黑房间"设置，因此房间可设置医生出入口，同时需符合安全、感染及管理控制的要求。

（2）急诊病人病情相对较紧急、严重，诊室房间入口采用隔帘式，利于轮椅、平车的进出，保证救治便捷、及时。就诊过程中应注意拉好隔帘，保护患者隐私（图60）。

（3）为方便患者及时得到检查，诊查区诊床设在靠近入口处，方便上下床。医生诊问区靠后设置，也使门口处为轮椅、平车留出足够空间。

图60　急诊诊室

第三章 住院病区

一、VIP 套间病房

1.VIP 套间病房功能简述

VIP 套间病房主要针对高收入人群，满足其对优质诊疗服务的需求，应营造温馨、舒适的病房环境，突出舒适性，减少医院环境对病人的刺激，消除陌生感和恐惧感。该房型需对休息区、护理区及陪护区等进行独立分区（图61）。

图 61　VIP 套间病房

《关于城市公立医院综合改革试点的指导意见》（〔2015〕38 号）中要求：控制公立医院特需服务规模，提供特需服务的比例不超过全部医疗服务的 10%。

2.VIP 套间病房主要行为说明

VIP 套间病房主要行为见图 62。

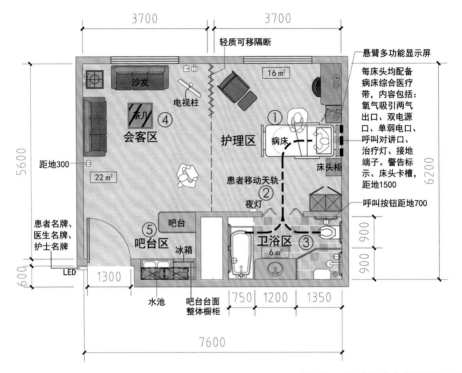

图 62　VIP 套间病房主要行为示意

（1）护理区（16 m²）：床头配备综合治疗带，床头柜、陪护椅等，与会客区间设置隔帘或可移动隔断。

（2）患者移动天轨：护理区到卫浴区可设置移动天轨，协助体弱或行动不便者进入卫生间。要求卫浴区靠近病床设置，方便到达（图 63、图 64）。

（3）卫浴区：设置无障碍设施，如安全扶手、呼叫器、翻板淋浴凳、输液挂钩等，地面铺设防滑垫。入口宽度应能保证轮椅进出，为确保患者安全，门应朝外开，门锁能里外开启。

（4）会客区：会客区相对独立，设置沙发、茶几等，满足接待会客需求，家属或探视人员可在此休息。

（5）吧台区：设置整体橱柜，冰箱、热水壶、微波炉、饮水机等。

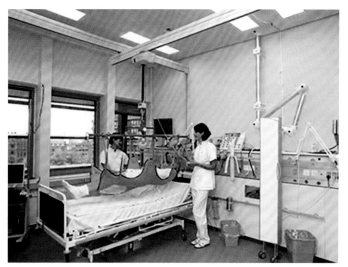

图 63　患者移动天轨（一）

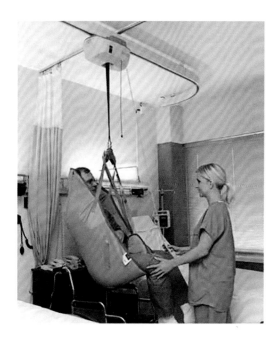

图 64　患者移动天轨（二）

3.VIP 套间病房家具、设备配置

VIP 套间病房主要家具配置三维示意见图 65。

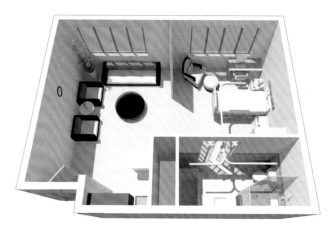

图 65　VIP 套间病房主要家具配置三维示意

VIP 套间病房家具、设备配置清单见表 23、表 24。

表 23　VIP 套间病房家具配置清单

家具名称	数量	备注
病床	1	
床头柜	2	
输液吊轨	1	U 形轨道
患者移动天轨	1	
陪床椅	1	
写字台	1	
卫厕浴	1	洗手台盆、坐便器、淋浴器
沙发、茶几	1	1 套
整体柜	2 组	
轻质隔断	1	直线形

表24　VIP套间病房设备配置清单

设备名称	数量	备注
设备带	1	正负压、氧气
电视	1	

二、有独立会客厅的 VIP 病房

1. 有独立会客厅的 VIP 病房功能简述

随着时代的发展、经济的迅速增长，满足高端医疗需求的单人间病房逐渐成为主流，房间内部的功能分区、布局、色彩等方面的设计就显得尤为重要。

此房型将房间分为会客区、卫浴区和护理区，三个区域相对独立，主要适用于病情稳定、对监护要求不高、对休养环境要求较高的患者或人群，如产科、康复等病房（图66）。

图66　有独立会客厅的 VIP 病房

2. 有独立会客厅的 VIP 病房主要行为说明

有独立会客厅的 VIP 病房主要行为见图 67。

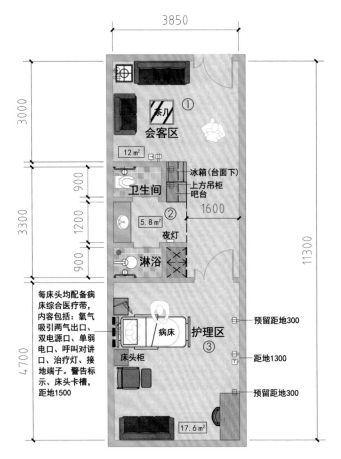

图 67　有独立会客厅的 VIP 病房主要行为示意

（1）会客区：设在靠门口的位置，设置沙发、茶几等，形成独立接待区域，远离护理区，对需要安静休息的病人不会造成影响。

（2）卫浴区：设在中间位置，方便患者到达，且淋浴区与盥洗区、卫生间分开设置，干湿分离，提高了品质，也方便使用。

（3）护理区：设在最里侧，并形成独立房间，提供了更加舒适和安静的环境，且增加了私密性，更好地保护患者隐私，减少医院环境对患者的影响。护理单元设置综合医疗带。

病区房间的合理设计与布局可以减轻外部环境对患者的不良刺激与影响，消除恐惧、紧张等心理不适，促进身心恢复。

3. 有独立会客厅的 VIP 病房家具、设备配置

有独立会客厅的 VIP 病房家具、设备配置清单见表 25、表 26。

表 25　有独立会客厅的 VIP 病房家具配置清单

家具名称	数量	备注
病床	1	
床头柜	2	
输液吊轨	1	U 形轨道
沙发	1	
写字台	1	
卫厕浴	1	洗手台盆、坐便器、淋浴器
沙发茶几	1	1 套
整体柜	2 组	1 套

表 26　有独立会客厅的 VIP 病房设备配置清单

设备名称	数量	备注
设备带	1	正负压、氧气
电视	1	

三、卫生间嵌套式病房

1. 卫生间嵌套式病房功能简述

卫生间嵌套式病房房型：此房间类型是住院病房的一种形式，即卫生间相互嵌套式布局，主要区别于常规"宾馆式"病房房型（图68）。

图 68　卫生间嵌套式病房

2. 卫生间嵌套式病房主要行为说明

卫生间嵌套式病房主要行为见图69。

（1）在满足医院病房居住功能的前提下，可同时适用监护功能强的护理单元，如亚重症病房或渐次监护病房，因为此房型走廊方向无遮挡，便于护理监护。

（2）采光窗：此房型的优势为房型方正，采光好。在环境品质有保证的区域可适用于高档次定位。

（3）卫浴区：其中一个卫生间可自然通风采光，进一步提高空间品质。

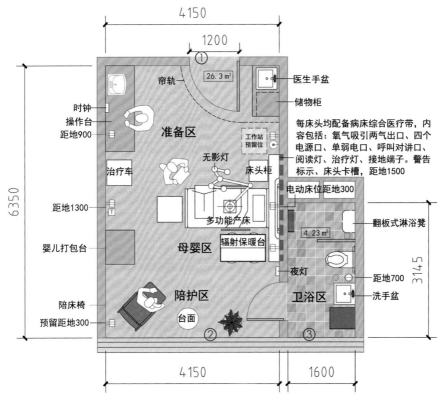

图 69 卫生间嵌套式病房主要行为示意

建筑特点：此房型占用开间较大，对柱网尺度要求高，不属于"经济型"护理单元。但对某些柱网偏小的改造型项目，可发挥此房型特点，并找到一种解决护理单元房型及流程设计的方法。

3. 卫生间嵌套式病房家具、设备配置

卫生间嵌套式病房家具、设备配置清单见表 27、表 28。

表 27　卫生间嵌套式病房家具配置清单

家具名称	数量	备注
病床	1	
床头柜	1	
输液吊轨	1	U 形轨道
沙发 / 陪床椅	1	
操作台	1	产科病房用
卫厕浴	1	洗手台盆、坐便器、淋浴器
整体柜	1	
帘轨	1	

表 28　卫生间嵌套式病房设备配置清单

设备名称	数量	备注
设备带	1	正负压、氧气
电视	1	

四、卫生间外挂式病房

1. 卫生间外挂式病房功能简述

卫生间外挂式病房即"外置式卫生间"病房。此房间类型是住院病房的一种形式，区别于常规"宾馆式"病房房型，其卫生间靠病房外墙布局，护理区设置在房间外侧，靠近观察窗，便于护士观察，在满足医院病房居住功能的前提下，可同时适用监护功能强的护理单元（图 70、图 71）。

图 70　卫生间外挂式病房一

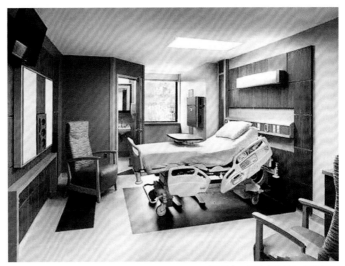

图 71　卫生间外挂式病房二

2. 卫生间外挂式病房主要行为说明

卫生间外挂式病房主要行为见图 72。

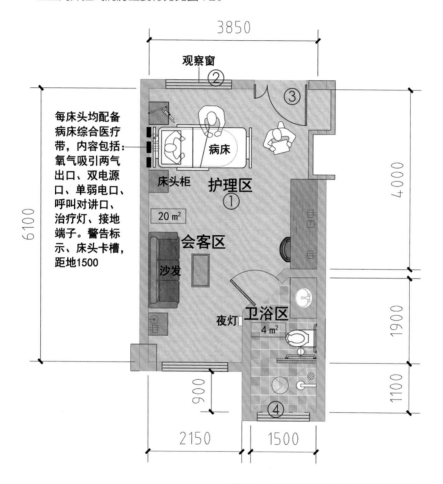

图 72　卫生间外挂式病房主要行为示意

（1）护理区：靠近入口位置，利于医护人员进入房间操作，缩短了护理路径。

（2）观察窗：因为此房型内走廊方向无遮挡，护士可通过观察窗随时观察病人情况，便于护理、监护。

（3）门口位置较宽敞，利于推床转运及设备进出。但同"宾馆式"病房布局相比，此房型入口区域缺少过渡空间，因此对于噪声控制要求高的病区不适用。

（4）卫生间可自然通风采光，对于提高环境品质有利。

房间设计要点如下：

① 柱网要求：此房型卫生间占用开窗面，不建议大于 1/3，因此对柱网开间要求高。

② 地域要求：此房型卫生间能实现自然通风的前提是可长期开窗，因此对地域及气候要求高。

③ 病床摆放：床头摆放在开窗一侧，实现营造疗愈环境的目的。

3. 卫生间外挂式病房家具、设备配置

卫生间外挂式病房家具、设备配置清单见表 29、表 30。

表 29 卫生间外挂式病房家具配置清单

家具名称	数量	备注
病床	1	
床头柜	2	
输液吊轨	1	尺度依据床位确定
沙发茶几	1组	
卫厕浴	1	洗手台盆、坐便器、淋浴器
整体柜	1	
帘轨	1	

表30　卫生间外挂式病房设备配置清单

设备名称	数量	备注
设备带	1	正负压、氧气
电视	1	

五、四人病房

1. 四人病房功能简述

四人病房为经济型病房，病房内要求无障碍设计（图73）。基本的配套家具应包括壁橱（储物和悬挂衣物）、床头柜、陪床椅等。

病房内分区可分为护理区、辅助区和前室。

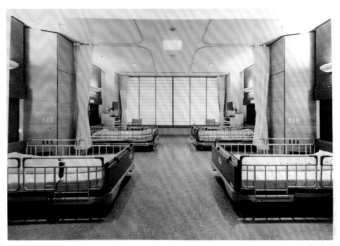

图73　四人病房

2. 四人病房主要行为说明

四人病房主要行为见图74。

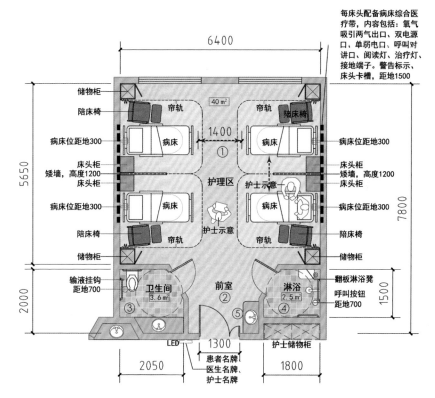

每床头配备病床综合医疗带，内容包括：氧气吸引两气出口、双电源口、单弱电口、呼叫对讲口、阅读灯、治疗灯、接地端子。警告标示、床头卡槽，距地1500

储物柜
陪床椅
帘轨
40 m²
帘轨
陪床椅
病床
病床位距地300
1400
病床
病床
病床位距地300
床头柜
矮墙，高度1200
床头柜
护理区
护士示意
床头柜
矮墙，高度1200
床头柜
病床位距地300
病床
病床
护士示意
病床位距地300
陪床椅
帘轨
护士示意
帘轨
陪床椅
储物柜
储物柜
输液挂钩距地700
卫生间3.6 m²
前室
淋浴2.5 m²
翻板淋浴凳
呼叫按钮距地700
6400
5650
2000
7800
1500
LED
1300
患者名牌
医生名牌
护士名牌
护士储物柜
2050
1800

图74　四人病房主要行为示意

（1）护理区（32 m²）：基本配置包括综合治疗带、病床、床头柜、陪床椅、帘轨，两床之间可设置矮墙隔板，每床位空间相对独立。四床病房人员相对较多，每床可设帘轨，用隔帘隔离出独立空间，避免相互干扰（图75）。

《综合医院建筑设计规范》（GB 51039—2014）中要求：病床的排列应平行于采光窗墙面。单排不宜超过3床，双排不宜超过6床；平行的两床净距不应小于0.8 m，靠墙病床床沿与墙面的净距不应小于0.6 m；双排病床（床端）通道净宽不应小于1.4 m。

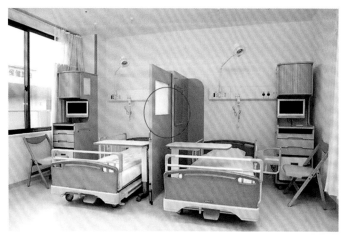

图 75　两床之间可设置矮墙隔板

（2）辅助区：包括储物区和卫浴区，设置储物柜可存放患者和家属衣物；因为人员较多，卫浴区卫生间和淋浴间分开设置，使干湿环境分开，形成独立空间，方便使用。

（3）卫生间：无障碍设施，如安全扶手，呼叫器，输液挂钩等。入口宽度应能保证轮椅进出，为确保患者安全，门应朝外开，门锁应能里外开启。

（4）淋浴间：无障碍设施，如安全扶手，呼叫器，翻板淋浴凳（固定在墙面），地面铺设防滑垫。

（5）前室位置设置洗手盆与感应式龙头，方便医护人员医疗行为前后洗手（图76）。

图 76　前室位置设置洗手盆

3. 四人病房家具、设备配置

四人病房主要家具配置三维示意见图 77。

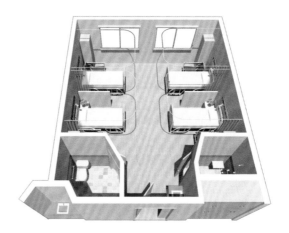

图 77 四人病房主要家具配置三维示意

四人病房家具、设备配置清单见表 31、表 32。

表 31 四人病房家具配置清单

家具名称	数量	备注
病床	4	
床头柜	4	
输液吊轨	4	U 形轨道
陪床椅	4	
卫厕浴	1	洗手台盆、坐便器、淋浴器
储物柜	4	床旁
帘轨	4	

表 32　四人病房设备配置清单

设备名称	数量	备注
设备带	1	正负压、氧气

六、儿童单人病房

1. 儿童单人病房功能简述

儿童单人病房：我国儿科的就诊范围在 0 到 14 周岁（北京市医疗机构为解决 15 ~ 18 岁群体就诊，儿科就诊年龄放宽至 18 岁以下）。儿科病房需要针对儿童年龄段，进行房间设计及家具配置，注意细节的布置并考虑设施和成人的不同（图78）。由于儿童抵抗力低，容易被感染，因此，儿科病房应与其他病房分开，并设置单独出入口和卫生处理室。

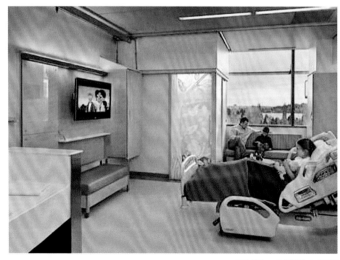

图 78　儿童单人病房

2.儿童单人病房主要行为说明

儿童单人病房主要行为见图 79。

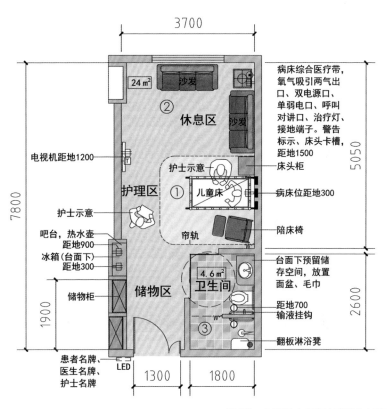

3700

24 m²

沙发

② 休息区

沙发

病床综合医疗带，氧气吸引两气出口、双电源口、单弱电口、呼叫对讲口、治疗灯、接地端子。警告标示、床头卡槽，距地1500

电视机距地1200

护士示意

床头柜

护理区

① 儿童床

病床位距地300

护士示意

吧台，热水壶距地900

帘轨

陪床椅

冰箱（台面下）距地300

储物柜

储物区

4.6 m²

卫生间

③

台面下预留储存空间，放置面盆、毛巾

距地700输液挂钩

翻板淋浴凳

1900

7800

5050

2600

患者名牌、医生名牌、护士名牌

LED

1300

1800

图 79　儿童单人病房主要行为示意

（1）休息区：设置休息沙发，还应考虑儿童活动的需求，摆放儿童座椅，玩具等。桌角等尖锐区注意保护，应加装保护垫（图80）。电源、电线等注意不要外露。

图 80　桌角保护

（2）护理区：可通过可移式隔墙与休息区分隔开，设置儿童病床、设备带、陪护椅、床头柜、移动式餐桌、帘轨。儿童病床要注意护栏的高度，确保儿童安全（图81）。

（3）卫浴区：无障碍设计，浴室、卫生间设施应适合儿童使用，可设置儿童座椅，换尿布翻板、儿童坐便器、洗手盆等。

图81　儿童病床

3. 儿童单人病房家具、设备配置

儿童单人病房主要家具配置三维示意见图82。

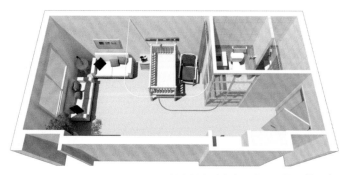

图82　儿童单人病房主要家具配置三维示意

儿童单人病房家具、设备配置清单见表 33、表 34。

表 33　儿童单人病房家具配置清单

家具名称	数量	备注
儿童病床	1	彩色儿童床
床头柜	1	
帘轨	1	U 型
卫厕浴	1	洗手液、纸巾盒
陪床椅	1	
沙发	1	
储物柜	2	

表 34　儿童单人病房设备配置清单

设备名称	数量	备注
设备带	1	正负压、氧气
电视	1	

七、LDR 一体化产房

1.LDR 一体化产房功能简述

LDR（Labor-Delivery-Recovery）一体化产房即待产—分娩—产后休养于一体的单人房间。适用于除剖宫产和需全身麻醉分娩以外的全部待产和分娩过程。生产过程中无需产妇移动，使自然分娩过程更为顺畅、舒适（图 83）。

此房型房间将分娩区独立划分，相邻两间 LDR 产房共用同一分娩区。因为分娩过程中会产生一些污染物及医疗垃圾，既降低了房间空气洁净度，也容易对产妇心理造成不良影响，不利于

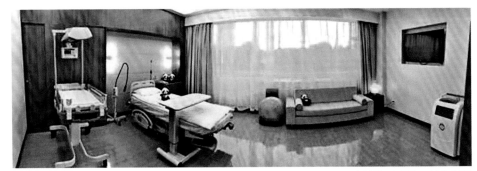

图 83　LDR 一体化产房

产后休息，所以需单独另设分娩区，以利于进行房间空气消毒和

监测，也利于医疗仪器设备的集中放置和管理。

2.LDR 一体化产房主要行为说明

LDR 一体化产房主要行为见图 84。

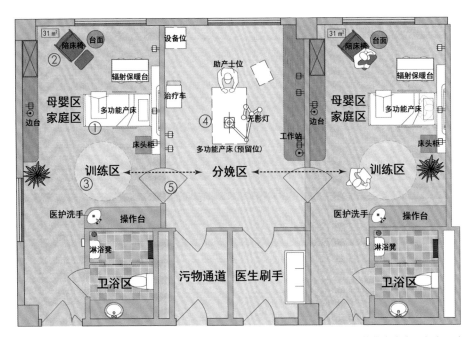

图 84　LDR 一体化产房主要行为示意

（1）母婴区：为产前待产和产后休养的区域，设置多功能产床，产床可充分调节以适应待产和各种分娩体位，并且可移动，方便转运。床头配备综合医疗带，床旁设置婴儿辐射保暖台。

（2）陪护区：设置沙发或陪床椅。

（3）训练区：可供产妇进行产前活动及产后恢复锻炼。

（4）分娩区：预留多功能产床位置。设置无影灯、工作台等所需的医疗设备、仪器。进入分娩区后，将多功能产床床尾下拉，架上脚架即可在几分钟内变成一个功能齐全的产台（图85）。产妇从产前待产至生产后无须换床，避免了在待产床与产台间移床或攀爬的不便。

（5）分娩区与家庭区之间设置双门，加强隔音效果。

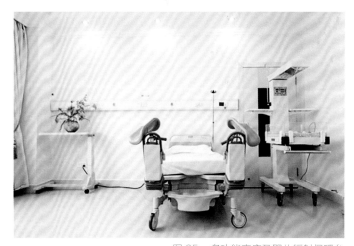

图 85　多功能产床及婴儿辐射保暖台

医护人员洗手更衣后，通过术前刷手通道进入分娩区；分娩后产生的医疗垃圾及污物通过污物通道送出。分娩时房间应达到产房内空气的高洁净度标准（图86）。

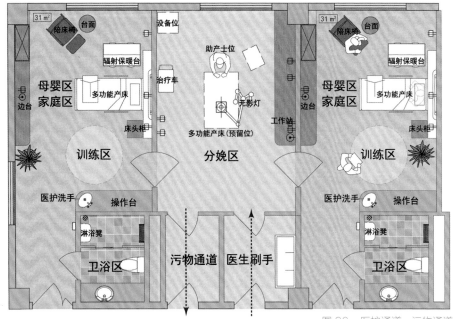

图 86　医护通道、污物通道

3.LDR 一体化产房家具、设备配置

LDR 一体化产房家具、设备配置清单见表 35、表 36。

表 35　LDR 一体化产房家具配置清单

家具名称	数量	备注
多功能产床	1	
床头柜	1	
陪床椅	1	
沙发	1	
洗手盆	1	洗手液、纸巾盒
操作台	2	
垃圾桶	2	
刷手池	1	

表 36 LDR 一体化产房设备配置清单

设备名称	数量	备注
设备带	1	正负压、氧气
辐射保暖台	1	
无影灯	1	
治疗车	1	

八、单间 ICU

1. 单间 ICU 功能简述

ICU 是英文 Intensive Care Unit 的缩写，意为重症加强护理病房，是向由各种原因导致一个或多个器官与系统功能障碍，危及生命或具有潜在高危因素的患者，及时提供全面、系统、持续、严密的医学监护和救治技术，利用先进的抢救仪器设备对危重症患者进行救治的专业科室。

目前，国内 ICU 通常采用开敞式多床布置方式，但从感染控制、防止交叉感染、保护病人与医护人员安全的角度出发，应鼓励在人力资源充足的条件下，尽量多设计单间或分隔式病房，尤其是以内科患者为主的 ICU。《中国重症监护病房（ICU）医院感染管理指南》（2008 年版）中也建议每个 ICU 管理单元应至少配置 2 个单人房间，用于收治隔离病人（图 87）。

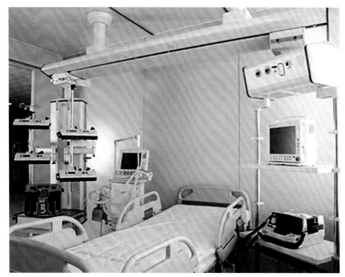

图 87　ICU 单间病房

2.ICU 单间病房主要行为说明

　　此房型房间左右两侧为设置相同的单间 ICU 病房，监护岛设在两房间外面中间位置，护士通过百叶窗或透明玻璃窗对两房间内病人进行监护。房间主要行为见图 88。

　　（1）监护区：设置医用吊塔或设备带、ICU 专用病床、监护仪、输液泵、微量泵、急救车、书写台、还可设置可视电话探视系统。由于 ICU 仪器、设备和治疗繁多，因此床位占有面积较大，应留有足够的空间。《重症医学科建设与管理指南（试行）》（〔2009〕23 号）中规定 ICU 单间病房，使用面积不少于 18 m^2。此外，病床周围环境应保持整洁，不宜摆放过多物品，并安排医护人员洗手盆，以方便进行床旁抢救、治疗、护理及各种操作。

　　（2）记录书写区：可在床尾位置放置移动小桌，用于抢救时书写记录，平时的监护记录可在监护岛完成。

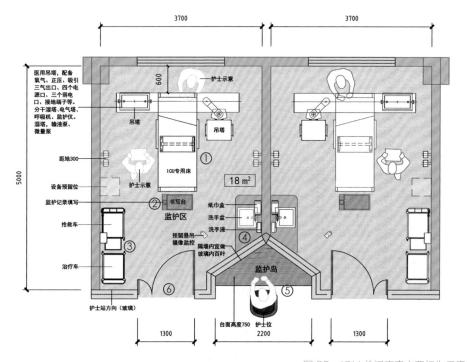

图 88 ICU 单间病房主要行为示意

（3）治疗区：也是监护病房的清洁区，存放治疗车，应放置一次性无菌物品或清洁物品，护士在此区域配置药物或做治疗前的准备。

（4）单间病房的洗手设施建议放在门口或房间内的缓冲区，应在接触病人前后及治疗前后洗手。手卫生设施应采用脚踏式、肘式或感应式等非手接触式水龙头，提供按压式皂液和手消毒液，并配备干手纸，以提高手卫生的依从性。床旁也应配备快速手消毒液，供医护人员紧急使用。洗手设施应远离治疗区，国外 ICU 管理中非常强调保持治疗区"无水"。

（5）监护岛：类似护士站的区域，设置工作站，连接监护仪，可通过中央监护系统的监护窗直接看到所有被监护病人的生命体征情况；护士通过可调内百叶窗对两侧病人进行监护，随时观察病情变化。共享式单间 ICU 病房监护岛的设计既节省人力，又确保患者能得到密切监护，还满足了医院对感染控制的要求。如果单间病房内为特殊感染的患者，则需要专人看护，进出房间需更换隔离衣（图 89）。

图 89　ICU 监护岛示意

（6）房间入口标注为净宽（按照规范要求），监护室的床不同于普通病房，一般较宽，故房间入口应能保证床位顺利进出，加之有可能会进行一些床旁检查项目，如床旁胸片等，所以也要保证大型设备的顺利进出。

3.ICU 单间病房家具、设备配置

ICU 单间病房要家具配置三维示意见图 90。

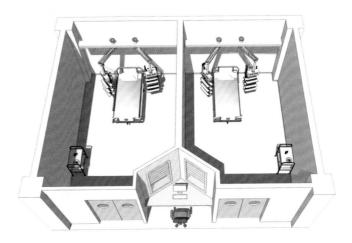

图 90　ICU 单间病房主要家具配置三维示意

ICU 单间病房家具、设备配置清单见表 37、表 38。

表 37　ICU 单间病房家具配置清单

家具名称	数量	备注
监护病床	1	
治疗车	1	
抢救车	1	存放急救药品、抢救物品
洗手盆	1	洗手液、纸巾盒
书写台	1	移动小桌
垃圾桶	2	感应污物柜
床头柜	1	

表 38　ICU 单间病房设备配置清单

设备名称	数量	备注
设备带	1	正负压、氧气
医用吊塔	1	
可视电话探视系统	1	
摄像监控		
监护仪	1	
抢救设备	1	监护、除颤一体
监护岛	1	设置工作站、百叶窗

九、感染科病房

1. 感染科病房功能简述

感染疾病科应单独建立,设在医院的下风向。感染科护理单元可根据疾病病种分设单床间、双床间或多床间(不超过 3 床),以少床分类隔离为主,并要设置一定数量的单间隔离室。室内宜设卫生间。病区可设置 1 ~ 2 个负压病房。

2. 感染科病房主要行为说明

感染科病房主要行为见图 91。

(1)感染科病房平面布局应采用三区双通道布置方式,即清洁区、污染区和半污染物区,双通道是指医务人员通道和患者通道。

(2)医务人员经医护通道进入半污染区(病房走廊)及清洁区(办公室),按防护要求更衣后方可进入污染区(图 92)。诊疗活动结束后需脱去污染的防护用品并洗手后方可离开。因此设置过渡区,形成缓冲室。设洁衣柜、污衣柜、洗手盆(感应式水龙头)。

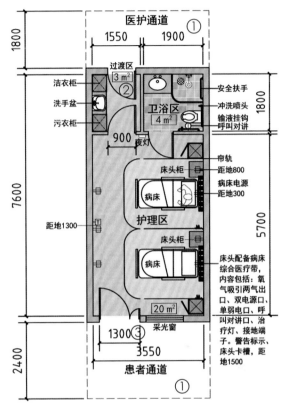

图 91　感染科病房主要行为示意

图 92　医护人员通道

091

（3）患者通过患者通道进入污染区，不得进入半污染区及清洁区。病室设置采光窗，满足一定的自然采光条件，提高空间品质。

感染性疾病科内部应严格设置防护分区，严格区分人流、物流的清洁与污染路线流程，采取安全隔离措施，严防交叉污染和感染。

十、NICU（新生儿监护病房）

1. 新生儿监护病房功能简述

NICU（新生儿监护病房，A neonatal intensive care unit）主要监护包括：各种高危新生儿的生命支持，与新生儿窒息相关疾病的抢救及治疗，新生儿溶血的治疗，呼吸管理，新生儿术后患儿监护管理，早产儿管理等。NICU 为独立病区，应设置在方便患儿转运检查和治疗的区域，以邻近新生儿室、产房、手术室、急诊室为宜，由监护病区、恢复期病区、隔离病房、辅助用房等构成（图 93）。

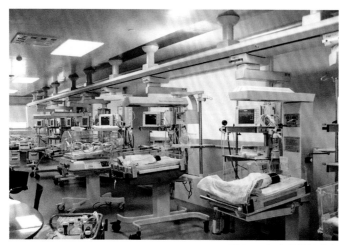

图 93　新生儿监护病房

2. 新生儿监护病房主要行为说明

新生儿监护病房主要行为见图 94。

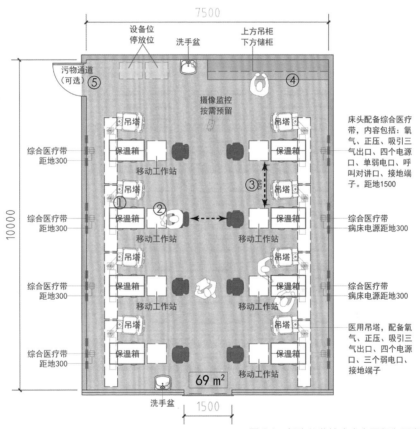

图 94　新生儿监护病房主要行为示意

（1）NICU 监护病区由抢救单元组成，每个抢救单元主要包括：暖箱或辐射保暖床、设备带、监护系统、抢救治疗仪器、设备等。

（2）床尾设置移动工作站，护士可书写记录、监护等。

（3）为便于监护和管理，病区宜采用大空间集中式布局。

无陪护病室每床单位净使用面积不小于 3 m²,床间距不小于 1 m,中间过道也不应小于 1 m。见《新生儿病室建设与管理指南(试行)》(〔2009〕123 号)。

(4)房间一侧设洗手盆和操作台,护士可进行一些操作。操作台上下方可设储物柜,储存一次性医用耗材等物品。NICU 抢救、治疗设备较多,预留设备停放位,用于抢救设备或急救车的集中停放。

(5)房间另设污物出口,用于医疗垃圾、其他污物的运输。

十一、病房护士站

1. 病房护士站功能简述

病房护士站主要功能包括接待咨询、入院登记、书写及存放病历、信息录入、处理医嘱、接收患者呼叫信号、集中监护等。护士站可设在护理单元中间位置,宜通视护理单元走廊。优点是护理单元的护理半径合理,医护人员可以方便、快速地到达各个房间,方便对病人的护理(图95)。

图95 病房护士站

《综合医院建筑设计规范》（GB 51039—2014）中要求护士站到最远病房门口的距离不宜超过 30 m。

2. 病房护士站布局说明

病房护士站形式和布局见图 96。

形式和布局：护士站宜为开敞空间且与护理单元走道连通。此外还有半开敞式和封闭式。根据其功能可分为接待区、工作区、信息区、呼叫显示区、物流区。

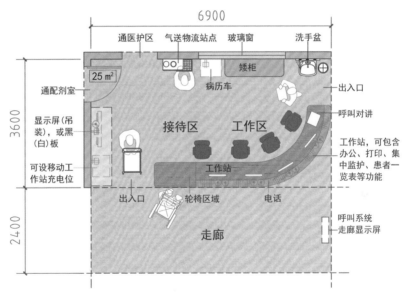

图 96　病房护士站形式和布局

3. 病房护士站主要行为说明

病房护士站主要行为见图 97。

（1）接待区：护士台应采用不同高度的双层台面设计，高层台面便于患者及家属站立交流、护士书写等，同时又可遮挡电脑、文件等物品；低层台面便于患者坐位或轮椅患者的咨询与交谈。通常高层台面高度为 1.1 m，低层为 0.75 ～ 0.8 m。

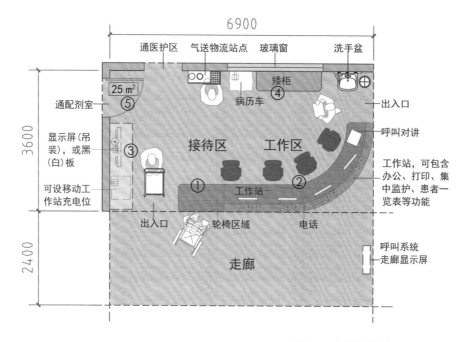

图 97　病房护士站主要行为示意

（2）工作区：设置护士工作站，满足处理医嘱、记录、打印、集中监护等功能。

（3）信息、呼叫显示区：设置呼叫显示屏和白板，白板用于记录护理工作安排。该区域还可根据移动工作站的使用数量预留充电位。

（4）护士站另一侧设置气送物流站点、病历车存放位、储物柜、洗手盆等。

（5）出入口通配剂室，护士站应与治疗室以门相连。

十二、病房配剂室

1. 病房配剂室功能简述

病房配剂室（或称治疗室）：用于病房输液等各种治疗的药液配置，宜靠近护士站设置（图98）。房间有洁净度要求，可利用紫外线消毒或其他消毒方式，如有条件可设置洁净台用于配剂。

图98 病房配剂室

2. 病房配剂室主要行为说明

病房配剂室主要行为见图 99。

（1）配剂区：用于药品存放、配置，设置宽大的配剂台，便于护士操作。上方设置储物柜，存放医疗耗材等；下方储物柜可存放生理盐水、葡萄糖等静脉输液用液体。（药品存放注意分类分区，避免混放）

（2）预留治疗车停靠位。

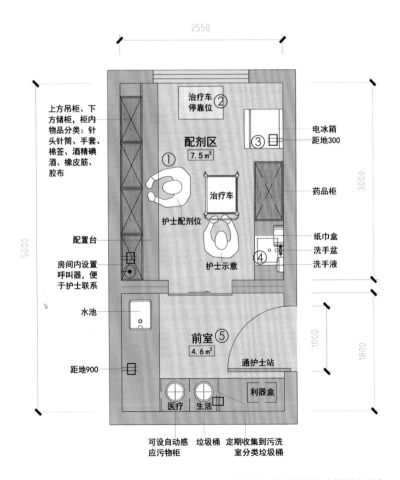

图 99　病房配剂室主要行为示意

（3）配剂区设置冰箱，用于存放需冷藏药品、生物制剂等。

（4）设置洗手盆、感应式水龙头，确保操作前后手的卫生。

（5）前室：是护士完成输液后进入配剂区前进行垃圾处理和治疗车消毒的区域。设置水池、分类垃圾桶、利器盒存放区。在配剂室设置前室，有利于洁污分区，满足配剂室洁净度的要求。

3. 护士路径说明

护士完成治疗后的工作路径见图 100。

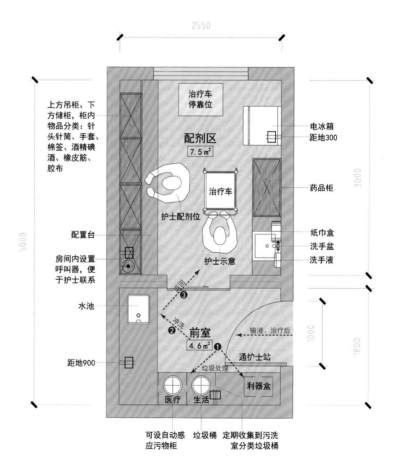

图 100　护士路径示意

4. 病房配剂室家具、设备配置

病房配剂室主要家具配置三维示意见图 101。

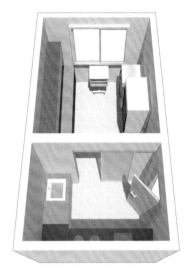

图 101　病房配剂室主要家具配置三维示意

病房配剂室家具、设备配置清单见表 39、表 40。

表 39　病房配剂室家具配置清单

家具名称	数量	备注
操作台柜	4 组	
药品柜	1	
治疗车	1	
洗手盆柜	1	洗手液、纸巾盒
垃圾桶	2	感应式污物柜
水池	1	

表40 病房配剂室设备配置清单

设备名称	数量	备注
冰箱	1	医用冷藏箱

十三、病房配餐间

1. 病房配餐间功能简述

医院病房配餐室主要用于为患者送餐前准备、餐后餐具洗涤、餐车暂存、开水供应等。《综合医院建筑设计规范》（GB 51039—2014）中要求护理单元应设配餐用房。配餐室一般设在病房走廊一端，最好靠近送餐车进入的方向，应有良好的排气通风装置。房间应设有冰箱、微波炉、开水器等。

2. 病房配餐间主要行为说明

病房配餐间主要行为见图102。

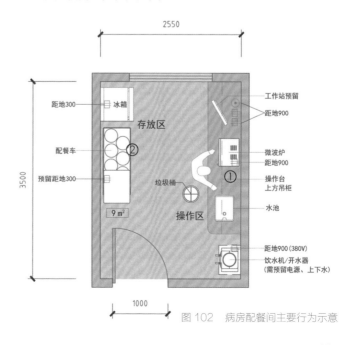

图102 病房配餐间主要行为示意

（1）操作台设稍大水池，便于餐具清洗。此外，为配餐员预留休息、工作位。随着医院后勤管理流程优化和配餐工具标准化的发展，病房配餐室的任务也在朝着以家属备餐为主、医院备餐为辅的方向发展。

（2）送餐前后，餐车停放位。

十四、病区库房

1. 病区库房功能简述

库房是护理单元内重要的辅助房间，必须设置。房间力求在最小面积内充分利用立体空间，合理收纳，分类存放办公用品、医疗器材（耗材）等物资。病区内的库房可按存放物品种类或洁净度的不同分别设置，如设备库房和一次性耗材库房。库房需保持通风、干燥、清洁，做到防火、防盗、防爆、防潮。

2. 病区库房主要行为说明

病区库房主要行为见图103。

（1）物品存放区：一次性物品与非一次性物品应分开存放，无菌物品与非无菌物品也应分开放置，还可按物品的使用频率安排不同的摆放位置，并设置标识标注物品名称。

（2）设备车存放区：可存放移动式监护仪、呼吸机等设备，设备使用后在推入库房存储前注意消毒。可根据科室实际情况，另外单独设立设备存储库房。

（3）入口应设置门禁，保障物品安全，防止无关人员进入。

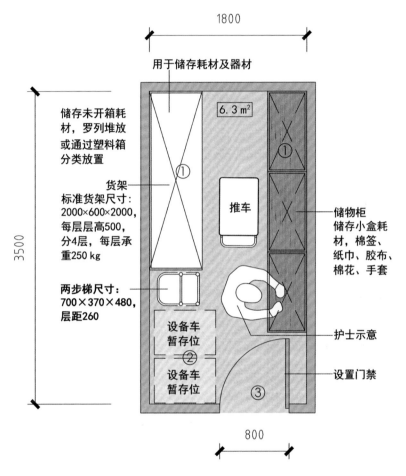

1800

用于储存耗材及器材

6.3 m²

储存未开箱耗
材，罗列堆放
或通过塑料箱
分类放置

3500

货架
标准货架尺寸：
2000×600×2000，
每层层高500，
分4层，每层承
重250 kg

两步梯尺寸：
700×370×480，
层距260

推车

储物柜
储存小盒耗
材，棉签、
纸巾、胶布、
棉花、手套

设备车
暂存位

设备车
暂存位

护士示意

设置门禁

800

图103　病区库房主要行为示意

3. 病区库房家具、设备配置

病区库房主要家具配置三维示意见图104。

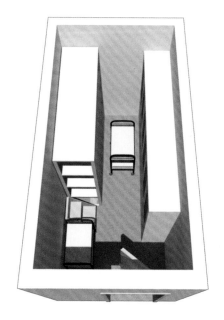

图 104　病区库房主要家具配置三维示意

病区库房家具配置清单见表 41。

表 41　病区库房家具配置清单

家具名称	数量	备注
货架	1	
两步梯	1	
储物柜	3组	

十五、医护更衣卫浴间

1. 医护更衣卫浴间功能简述

临床医护人员每天要接触大量患者，长期工作在细菌病毒密集的环境中，医护的卫生行为是医院感染控制中非常重要的一个环节，如果不能做好防护措施，既危害自身健康也会使院内交叉感染的机会大大增加。

医护更衣卫浴间宜靠近值班室的位置，其合理的设置使得功能集中，方便医护人员使用，还能节省空间。虽然房间功能集中但分区明确，布局合理，互不干扰。

2. 医护更衣卫浴间主要行为说明

医护更衣卫浴间主要行为见图 105。

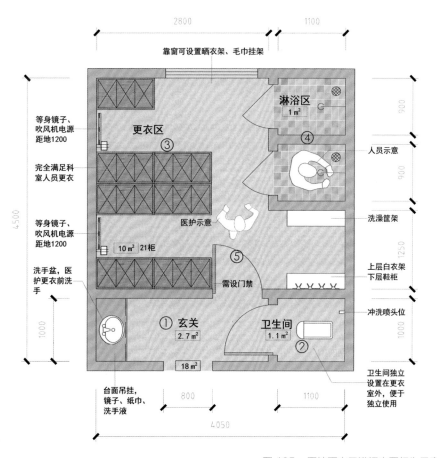

图 105　医护更衣卫浴间主要行为示意

（1）玄关：同时起到了缓冲区的作用，设置洗手盆，满足医护更衣、淋浴前先洗手的需求，还保证了更衣、淋浴区的隐私安全。

（2）卫生间：相对使用频繁，应设置在靠外侧的位置，独立空间，既便于使用，又便于保洁打扫。

（3）更衣区：合理摆放更衣柜，数量应满足本科室人员使用，同时要考虑进修、规范化培训等其他人员。更衣区还应设置一定数量的衣架和鞋柜，集中摆放避免凌乱（图 106、图 107 ）。

（4）淋浴区：设置两个独立淋浴位，与更衣区做到干湿分开。

（5）设置门禁，防止无关人员进入，既确保财物安全又保护隐私。

图 106　更衣柜示意一

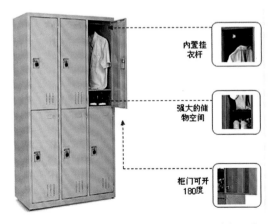

图 107　更衣柜示意二

3. 医护更衣卫浴间家具、设备配置

医护更衣卫浴间主要家具配置三维示意见图 108。

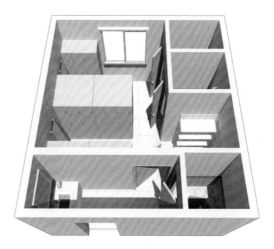

图 108　医护更衣卫浴间三维示意

医护更衣卫浴室家具配置清单见表 42。

表 42　医护更衣卫浴间家具配置清单

家具名称	数量	备注
淋浴器	2	
蹲便器	1	
冲洗喷头	2	
洗手盆	1	洗手液、纸巾盒
更衣柜	20	感应式污物柜
等身镜	2	

十六、会议、示教室

1. 会议、示教室功能简述

会议、示教室是医院的科研教学用房。《综合医院建筑设计规范》（GB 51039—2014）中要求：住院部护理单元用房设置应包括示教用房。一般设置在住院部的办公生活区，靠近医生办公室。

会议、示教室（40 m²）：用于临床科室的教学、培训、学术交流、病例讨论、会诊等活动。需满足会议示教、远程会诊等要求，可根据科室人员数量、专科特点、使用频率等确定其面积大小（图109）。

图 109　会议示教室

2. 会议示教室主要行为说明

会议、示教室主要行为见图 110。

（1）会议区：设置会议用桌椅，桌面预留投影、电话、话筒、会议摄像等强弱电接口。此房型房间面积可满足 30 人会议示教需求。

（2）演讲区：设置活动讲台和多媒体柜，用于会议报告、

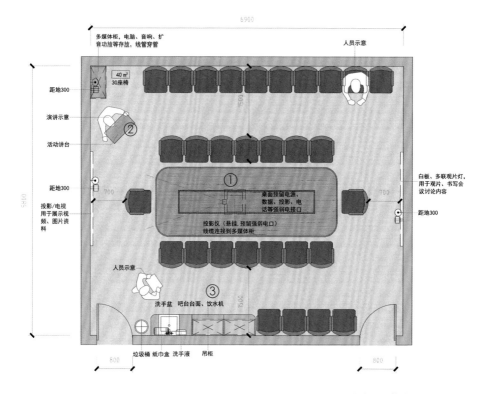

图 110　会议、示教室主要行为示意

演讲等，预留投影、话筒等强弱电接口。多媒体柜用于整合工作站、投影穿线、远程会诊摄像等。

（3）辅助区：房间一侧设置整体柜，具备洗手、吧台饮水、储物等功能模块。

3. 会议、示教室家具、设备配置

会议、示教室主要家具配置三维示意见图 111。

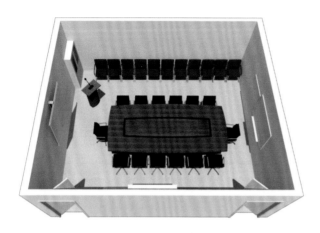

图 111　会议、示教室主要家具配置三维示意

会议、示教室家具、设备配置清单见表 43、表 44。

表 43　会议、示教室家具配置清单

家具名称	数量	备注
会议桌	1	宜圆角
座椅	22	
洗手盆柜	1	
整体柜	3 组	
讲台	1	
垃圾桶	1	

表 44　会议、示教室设备配置清单

设备名称	数量	备注
观片灯	1	
投影设备	1	吊装投影仪、幕布

十七、污物间

1. 污物间功能简述

污物间可供暂时存放垃圾废弃物、卫生清洁用品，内设拖布池、分类垃圾桶（医疗和生活垃圾）、开放式储物柜、储物架等，地面台面应易擦洗、耐消毒。应预留保洁车位置，建议房间面积不小于 9 m²。

临床中，此房间还用于存放患者污染的病服、被褥及需送检的标本。

2. 污物间主要行为说明

污物间主要行为见图 112。

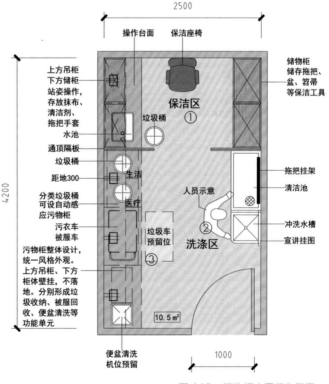

图 112　污物间主要行为示意

（1）保洁区：干区——相对洁净区，设置储物柜，存放保洁用品。

（2）洗涤区：湿区，设冲洗水槽、沥干池，拖把应按使用区域（病室和公共区域）分开悬挂。

（3）污物存放区：污染区，设置整体柜，包含分类垃圾桶、污衣被服存放车，台面还可设置存放尿液等标本架。

3. 污物间家具、设备配置

污物间主要家具配置三维示意见图 113。

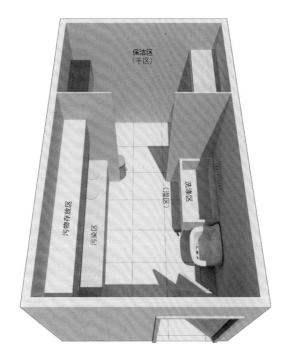

图 113　污物间主要家具配置三维示意

污物间家具配置清单见表 45。

表 45　污物间家具配置清单

家具名称	数量	备注
操作台柜	2 组	保洁区
水池	1	
保洁储物柜	1	保洁用品储存，通风透气
冲洗水槽	1	
清洁池	1	上方设吊钩挂拖把
操作台柜	3 组	暂存区
分类垃圾桶	2	整体柜组合单元
污衣车	1	

十八、医护值班室

1. 医护值班室功能简述

医护值班室，也称休息室，是医护人员工休期间临时休息的场所，宜设置在病区相对安静的地方，靠近更衣室，应既能保障医护人员的休息，又能在其他工作人员呼叫时以较短的路径、最快的时间到达病房。

2. 医护值班室主要行为说明

医护值班室主要行为见图 114。

（1）休息区：房间内可放置 2 张双层床，共计 4 个值班床位；还可在值班床与储物、办公区之间设隔帘。

（2）储物区：设置存放被褥和衣物的储物柜，使得医护人员有寝具存放空间。

（3）办公区：具备办公、值班条件，设置电话、电视、网络等强弱电接口。

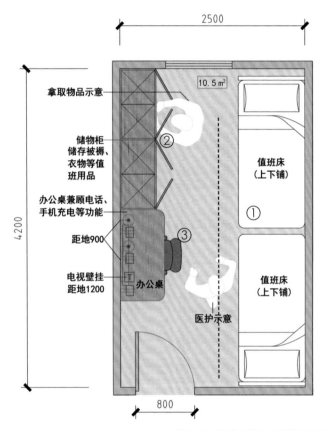

图 114　医护值班室主要行为示意

3. 医护值班室家具、设备配置

医护值班室主要家具配置三维示意见图 115。

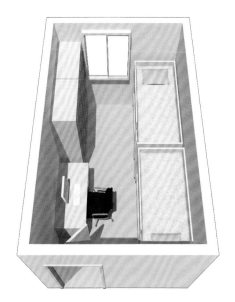

图 115 医护值班室主要家具配置三维示意

医护值班室家具、设备配置清单见表 46、表 47。

表 46 医护值班室家具配置清单

家具名称	数量	备注
值班床	2	双层值班床
办公桌	1	
整体柜	2组	

表 47 医护值班室设备配置清单

设备名称	数量	备注
电视机	1	
工作站	1	包括显示器、主机

十九、医生办公室

1. 医生办公室功能简述

病区医生办公室是医生办公、学习、交流、研讨的场所。可在大空间内用矮隔断划分空间。一般设置小型会议桌，一方面满足医生研讨之用，同时也可供实习医生在此办公、学习。根据科室人员数量及房间数量预置电话、信息、网络端口（图116）。

医生办公室应设在病房办公生活区，面积可根据科室实际情况和医师人员数确定。每工位面积可参考《全国民用建筑工程设计技术措施——规划·建筑·景观》（2009JSCS-1）中的内容：普通办公室人均最小使用面积为 4 m²/ 人。

图 116　医生办公室

2. 医生办公室主要行为说明

医生办公室主要行为见图117。

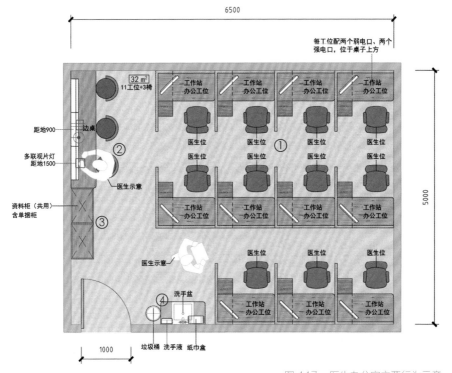

图 117　医生办公室主要行为示意

（1）办公区：医生书写、录入病历及生成医嘱等工作的区域，需设置医生工位、医生工作站。办公区宜开放式设置，便于交流、教学、讨论等。

（2）交流区：可设小会议桌，方便集中学习、交流，会议桌上方设置观片灯。

（3）储物区：设置资料柜。

（4）设置洗手盆。

3. 医生办公室家具、设备配置

医生办公室主要家具配置三维示意见图118。

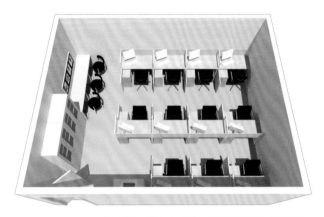

图 118　医生办公室主要家具配置三维示意

医生办公室家具、设备配置清单见表48、表49。

表 48　医生办公室家具配置清单

家具名称	数量	备注
工位	11	宜圆角
座椅	11	带靠背，可升降
洗手盆柜	1	纸巾盒、洗手液
整体柜	2组	包含：书柜、展示功能模块
边桌	1	
圆凳	3	
垃圾桶	1	

表 49　医生办公室设备配置清单

设备名称	数量	备注
观片灯	1	
工作站	11	包括显示器、主机

二十、主任办公室

1. 主任办公室功能简述

不仅仅是病区，医院的各个科室都需要设立主任办公室，如放射科、检验科、药剂科、门诊等。科室主任是该科室的领导和管理者，病区的科主任要参与临床工作，并负责本科室的教学、科研及行政管理等工作，其办公室应兼具办公、接待洽谈、休息等功能（图119）。

图 119　两人工位主任办公室

病区主任办公室宜设置在相对安静的区域，可临近医生办公室和示教室，便于工作联系。如为公立医院，面积可结合科室实际情况并参考《党政机关办公用房建设标准》中面积指标的要求。

2. 主任办公室主要行为说明

主任办公室主要行为见图 120。

（1）办公区：设置办公桌、工作站、观片灯、打印机、电话及软硬件接口，设置主任位座椅和会客座椅。

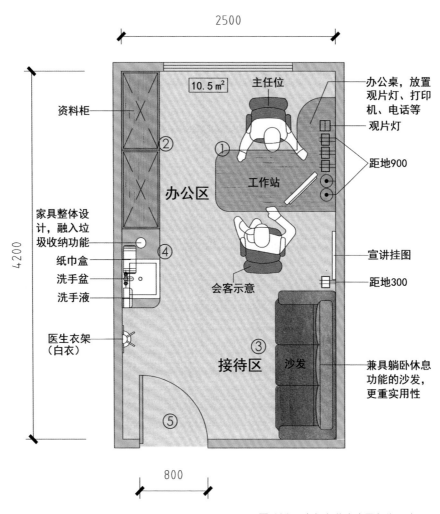

图 120　主任办公室主要行为示意

（2）陈列展示区：此区域设置资料柜，可储存书籍、资料、文件等。还可设置陈列展示柜，用于展示奖状、荣誉证书等（图121）。

（3）接待区：布置三人沙发用于接待会客，并可作为休息小憩之用。还可设置饮水机。

（4）洗手更衣区：房间入口位置设置洗手盆和衣架，便于进屋洗手及更换白衣。

（5）应设门禁，防止无关人员进入。

图 121 陈列柜示意

3. 主任办公室家具、设备配置

主任办公室主要家具配置三维示意见图122。

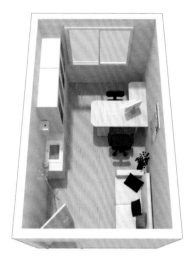

图 122　主任办公室主要家具配置三维示意

主任办公室家具、设备配置清单见表 50、表 51。

表 50　主任办公室家具配置清单

家具名称	数量	备注
办公桌	1	宜圆角
座椅	2	可升降
洗手盆柜	1	纸巾盒、洗手液
整体柜	2 组	包含：书柜、展示功能模块
沙发	1	

表 51　主任办公室设备配置清单

设备名称	数量	备注
观片灯	1	
工作站	11	包括显示器、主机、打印机

第四章 医技科室

一、乳腺钼靶室

1.乳腺钼靶室功能简述

钼靶检查，全称乳腺钼靶 X 线摄影检查，是一种低剂量乳腺 X 光拍摄技术，具有成像清晰、检查操作方便快捷、辐射量小等特点，对于彩超无法辨别的乳腺病变钙化点进行准确判断与鉴别，被誉为国际乳腺疾病检查的"金标准"。是目前诊断乳腺疾病最简便、最可靠的无创性检测手段。

钼靶检查室属于放射科用房，机房内室门外要有电离辐射标志，并安装醒目的工作指示灯。房间的防护设计应符合国家现行有关医用 X 射线诊断防护标准的规定（图 123）。

《体检中心建设标准（试行）》中要求：钼靶室的墙体、楼地面门窗、防护屏障、洞口、嵌入体和缝隙等均应按设备要求和防护规范，设置安全可靠的防护措施。

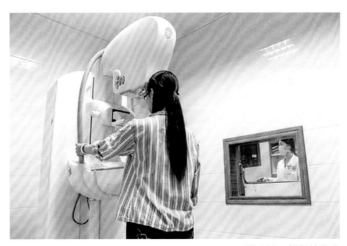

图 123　钼靶检查室

2. 乳腺钼靶室主要行为说明

乳腺钼靶室主要行为见图 124。

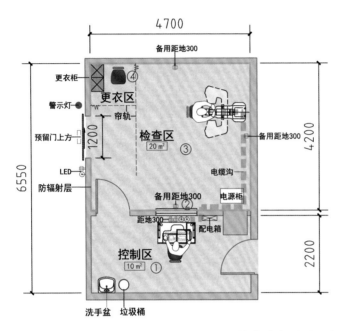

图 124　乳腺钼靶室主要行为示意

（1）控制区：医生控制、操作区，配备操作台、工作站、洗手盆等设施。

（2）观察窗：在操作室与检查室的隔墙上要开一个大小适宜、位置合适的观察窗，观察窗要使用有 1 mm 铅当量的铅玻璃进行防护。

（3）检查区：患者检查区，应注意钼靶乳腺 X 光机摆放位置，便于通过观察窗观察受检者情况。室内布局要合理，不得堆放与诊断工作无关的杂物，机房要保持良好的通风，门的净宽不应小于 1.2 m，净高不应小于 2.8 m。

（4）设置更衣区，方便患者检查前更衣、准备。由于检查时患者可能需要脱去外衣，因此需要设置隔帘保护患者隐私。

3. 乳腺钼靶室家具、设备配置

乳腺钼靶室家具、设备配置清单见表 52、表 53。

表 52　乳腺钼靶室家具配置清单

家具名称	数量	备注
操作台	1	
座椅	3	可升降
帘轨	1	
洗手盆	1	洗手液、纸巾盒
垃圾桶	1	
更衣柜	1	

表 53　乳腺钼靶室设备配置清单

设备名称	数量	备注
工作站	1	包括显示器、主机、打印机
扫描机架	1	
LED	1	
警示灯	1	

二、胃镜检查室

1. 胃镜检查室功能简述

胃镜是一种医学检查方法，能直接观察到被检查部位的真实情况，更可以通过对可疑病变部位进行病理活检及细胞学检查，来进一步明确诊断，是上消化道病变的首选检查方法。随着纤维光导技术、电子技术、超声等高新技术在胃镜中的应用，检查的舒适度和诊断水平也在明显提高。

胃镜检查室属于内窥镜科，应自成一区，与门诊有便捷联系；上下消化道检查室应分开设置。原则为一室一机，操作间要独立，操作和清洗要分开，医患通道要分开，房间面积不小于20 m²。内镜检查室的房间设计、布局应在保证安全的前提下，力求整洁舒适，以消除患者的紧张、恐惧感（图125）。

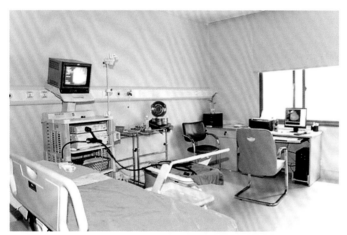

图 125　胃镜检查室

2. 胃镜检查室主要行为说明

胃镜检查室主要行为见图 126。

（1）检查区：设置诊床、胃镜系统、工作台等。诊床床头配备综合医疗带，包括氧气、正负压吸引等。检查区还应设置隔帘，注意保护患者隐私。胃镜检查中，患者取左侧卧位，医生在患者左侧操作，设备置于左侧床头位置，便于操作、观察，右侧为助手位。此外，需考虑到设备使用电源插口较多的问题。

（2）准备区：用于检查前药品、器械的准备，设置工作台、药品器械柜等。

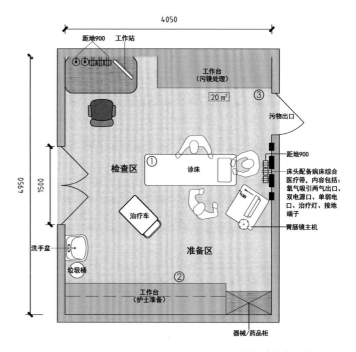

图 126　胃镜检查室主要行为示意

（3）污物处理区：注意洁污分区，设置污镜处理台、污物出口。内窥镜科区域内应设置内镜洗涤消毒设施，且上、下消化道镜应分别设置（图 127）。

图 127　内镜洗涤消毒设备

3. 胃镜检查室家具、设备配置

胃镜检查室家具、设备配置清单见表 54、表 55。

表 54 胃镜检查室家具配置清单

家具名称	数量	备注
诊桌	1	
诊床	1	宜安装一次性床垫卷筒纸
洗手盆	1	
垃圾桶	1	洗手液、纸巾盒
座椅	2	
帘轨	2	
治疗车	1	
工作台	1	
药品器械柜	2	护士准备工作用

表 55 胃镜检查室设备配置清单

设备名称	数量	备注
设备带	1	正负压、氧气
工作站	1	包括显示器、主机、打印机
胃镜系统	1	

三、透析病床单元

1. 透析病床单元功能简述

透析病床单元是对因疾病导致肾衰的患者进行肾脏替代疗法的场所。透析疗法是使体液内的成分通过半透膜排出体外的治疗方法，一般可分为血液透析和腹膜透析两种。

血液透析是将体内血液引流至体外，通过弥散 / 对流进行物质交换，将经过净化的血液回输的整个过程称为血液透析。

腹膜透析是通过灌入腹腔的透析液与腹膜另一侧的毛细血管内的血浆成分进行交换，通过不断地更新腹透液，达到肾脏替代或支持治疗的目的。

血液透析室可设于门诊部或住院部内，应自成一区。应设透析、隔离透析、污物处理、水处理设备等用房。各功能区域应当合理布局，区分清洁区与污染区，清洁区包括透析治疗区、水处理区和库房等。室内做好严格人流、物流控制，每日做好包括空气在内的消毒工作（图 128）。

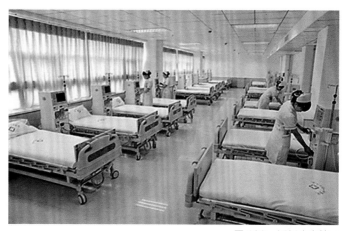

图 128 透析病床单元

2.透析室主要行为说明

透析室主要行为见图 129。

（1）透析治疗区：由若干透析单元组成。每个透析单元由一台透析机和一张透析床（椅）组成，设置患者用床头柜。床头配备设备带，包括供氧装置、中心负压接口、呼叫器等，每个透析单元面积不少于 3.2 m²。

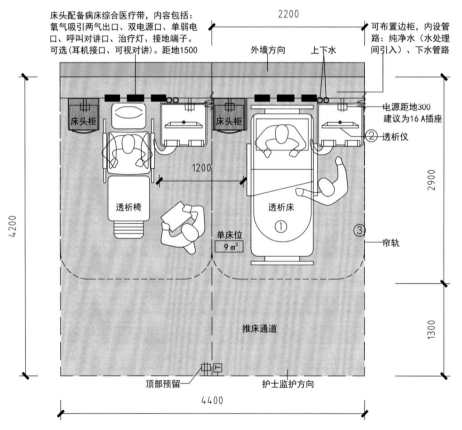

图 129 透析室主要行为示意

（2）由于透析治疗所需的动静脉瘘通常选择非惯用侧即左上肢进行穿刺，所以血透机宜放在病床左侧。

（3）每个透析床单元之间应设置隔帘，保护患者隐私。

《综合医院建筑设计规范》（GB 51039—2014）中要求：透析室治疗床（椅）之间的净距不宜小于 1.2 m，通道净距不宜小于 1.3 m（图 130）。

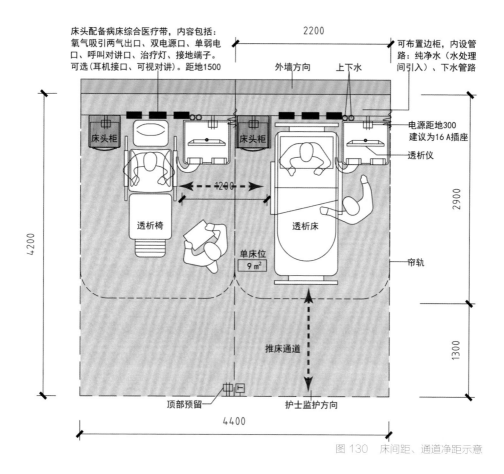

图 130　床间距、通道净距示意

通常透析过程需要几个小时的时间，在此过程中病人须保持一定的姿势，这就需要对透析室的环境设计及设施布置有所考虑，增加娱乐设备（如电视），保证透析室的舒适性。病人所处空间应具有私密性，同时又能方便医护人员监护（图 131）。

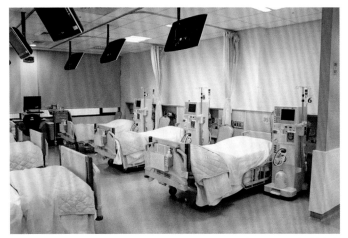

图 131　透析病床

3. 透析室家具、设备配置

透析室家具、设备配置清单见表 56、表 57。

表 56　透析室家具配置清单

家具名称	数量	备注
透析病床	1	
床头柜	1	
帘轨	1	
垃圾桶	2	垃圾分类

表 57 透析室设备配置清单

设备名称	数量	备注
透析仪	1	
治疗带	1	正负压、氧气

四、运动平板试验室（心内科）

1. 运动平板试验室功能简述

平板运动试验（Treadmill Test）是心电图负荷试验中最常见的一种，它是目前诊断冠心病最常用的一种辅助手段。根据测试者在平板机上的运动及所记录下来的心电图变化做出诊断。平板运动试验属于心肺功能检查，一般放置在功能检查科或心脏专科诊区。

检查方法：让病人在活动的平板上走动，根据所选择的运动方案，仪器自动分级依次递增平板速度以调节负荷量，直到病人心率达到亚极量水平，分析运动前、中、后的心电图变化以判断结果。达到最大耗氧值的最佳运动时间为 8 ～ 12 分钟（图 132）。

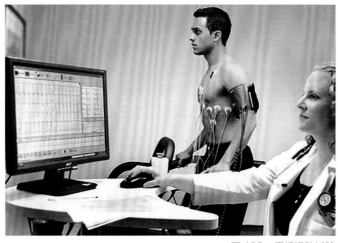

图 132 平板运动试验

2. 运动平板试验室主要行为说明

运动平板试验室主要行为见图 133。

（1）运动试验前需描记受检者卧位和立位 12 导联心电图及测量血压作为对照，故应设置检查床。检查床也可用于受检者在检查中出现不适时休息或急救，应配备氧气设备带。

（2）检查区：设置运动平板机、心电监测仪。运动中通过监测仪对受检者心电图变化进行监测（图 134）。

（3）休息区：运动终止后，需多次记录心电图，且一般还需观察几分钟，应设置患者休息、等候区。

（4）分析区：设置诊桌、医生工作站，通过平板运动分析系统对试验结果进行分析、诊断。

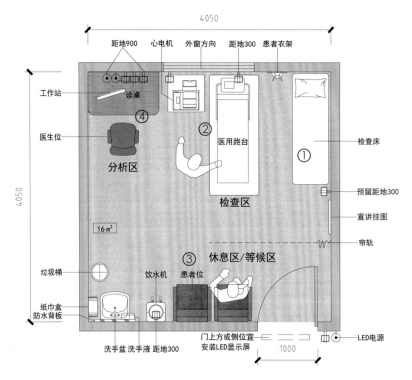

图 133　运动平板试验室主要行为示意

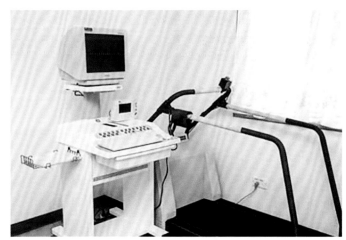

图 134　运动平板试验设备

3. 运动平板试验室家具、设备配置

运动平板试验室家具、设备配置清单见表 58、表 59。

表 58　运动平板试验室家具配置清单

家具名称	数量	备注
诊桌	1	
诊椅	1	
检查床	1	宜安装一次性床垫卷筒纸
洗手盆	1	洗手液、纸巾盒
垃圾桶	1	
座椅	2	患者休息座椅
帘轨	1	
饮水机	1	

表 59　运动平板试验室设备配置清单

设备名称	数量	备注
平板机	1	
设备带	1	正负压、氧气
工作站	1	包括显示器、主机、打印机
心电监测仪	1	

五、CT 检查室

1.CT 检查室功能简述

CT 检查室布局：应考虑大型设备承重和运输的条件，如共享设备应与门诊部、急诊部和住院部都要有便捷联系。按照辐射场所的分区管理原则，受检者与医务人员宜分区域或分通道设计，各自设立单独出口，但要考虑控制室与受检者需有比较直接的沟通条件，减少医务人员穿行投照机房的次数（图 135）。

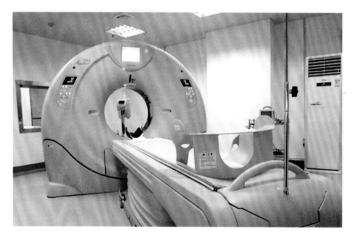

图 135　CT 检查室

2.CT 检查室主要行为说明

CT 检查室主要行为见图 136。

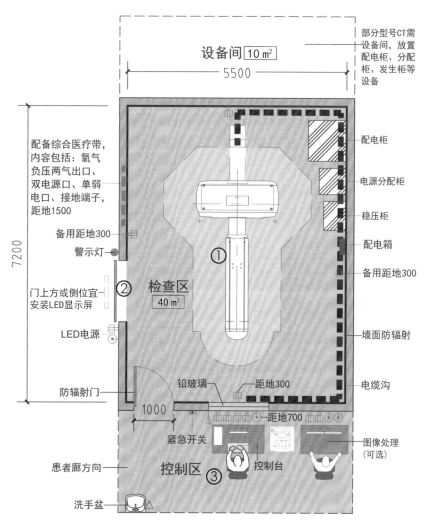

图 136 CT 检查室主要行为示意

（1）CT 检查室包括扫描室和控制室。检查区中央放置 CT 机，CT 主要由扫描装置和计算机系统组成，前者包括扫描架、扫描床、电源分配柜等。《医学影像诊断中心管理规范（试行）》（〔2016〕36 号）中要求 CT 机房使用面积不小于 30 m²，机房内单边最小长度 4.5 m。

（2）《综合医院建筑设计规范》（GB 51039—2014）中要求放射设备机房净高不应小于 2.8 m，CT 扫描室的门净宽不应小于 1.2 m，控制室门净宽宜为 0.9 m。检查室门应设置电离辐射警示标志，有醒目的工作指示灯和相应 X 射线防护的告示。

（3）控制室设置操作台、控制机柜、工作站等。观察窗净宽不应小于 0.8 m，净高不应小于 0.6 m。

设备主机较重，需考虑楼板承重。房间的射线防护设计应符合《医用 X 射线诊断卫生防护标准》（GBZ 130—2013）相关规定。

对于独立设置的出具影像诊断报告的医疗机构，CT 检查室内必须配备心脏除颤器、简易呼吸器、供氧装置、负压吸引装置及相关药品。

六、PCR 实验室

1.PCR 实验室功能简述

PCR 实验室（又称基因扩增实验室）应包括试剂储存和准备、标本制备、PCR 扩增及扩增产物分析四个独立的实验区。各区域相互独立，并始终处于完全分隔状态，不能有空气直接相通。进入各工作区域应当严格按照单一方向进行，实验室气流及材料物品等均不得逆向流动（图 137）。

整个区域有一个整体缓冲走廊，分别设入口和出口。每个独

图 137　PCR 实验室

立实验区设有缓冲区，同时各区通过气压调节，使整个 PCR 实验过程中试剂和标本免受气溶胶的污染，并降低扩增产物对人员和环境的污染（图 138 ）。

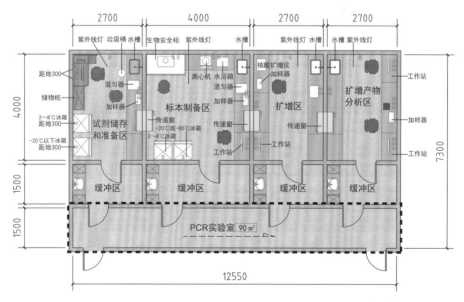

图 138　PCR 实验室缓冲走廊示意

2.PCR 实验室主要行为说明

PCR 实验室主要行为见图 139。

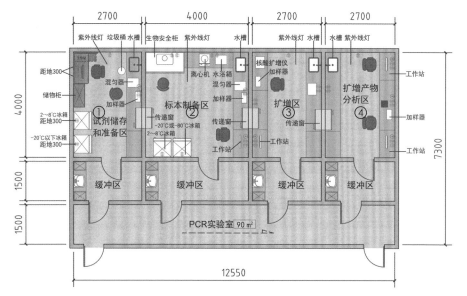

图 139 PCR 实验室主要行为示意

（1）试剂储存和准备区：主要进行试剂的制备、分装和主反应混合液的制备。试剂原材料必须贮存在本区域内。需设置天平、冰箱、离心机、振荡器等。

（2）标本制备区：主要进行样品的保存、核酸提取、贮存及测定 DNA 的合成。主要设置生物安全柜、核酸提取仪、离心机、振荡器、恒温水浴等。

（3）扩增区：主要进行 DNA 扩增及检测。主要设置扩增仪、冰箱、离心机、加样器等。

（4）扩增产物分析区：扩增片段的进一步分析测定，如杂交、酶切电泳、变性高效液相分析、测序等，设置酶标仪、加样器等。

　　不同功能的工作区应是分隔独立的，各工作区有明显的标识，不能直通，物品传递需通过传递窗（图 140、图 141）。

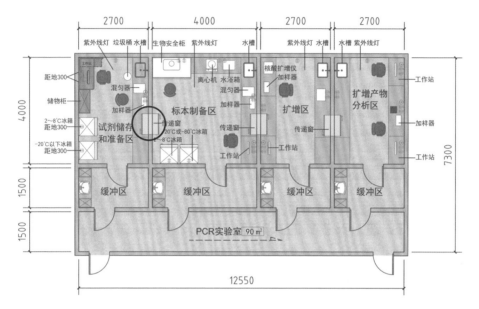

图 140　物品传递窗示意

图 141　物品传递窗

七、肺功能检查室

1.肺功能检查室功能简述

肺功能检查是一种物理检查方法，是呼吸系统疾病的必要检查之一，是判断气流受限的主要客观指标。对于早期检查出肺、气道病变的患者，在评估疾病的病情严重程度及预测，评定药物或其他治疗方法的疗效等方面有重要的指导意义。

肺功能检查室位置宜靠近平板运动试验室（心肺功能检查）。房间大小可根据检查仪器和检查项目的多少、检查对象以及医院实际情况而配置。一般来说，检查室面积不应小于 10 m^2。

2.肺功能检查室主要行为说明

肺功能检查室主要行为见图 142。

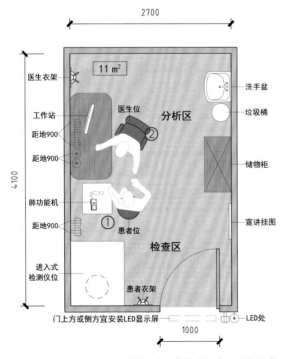

图 142　肺功能检查室主要行为示意

（1）检查区：设置患者检查位，肺功能仪。肺功能仪分为便携式、台式及带体描箱的大型肺功能仪（图143）。

（2）分析区：设置医生位、医生工作站、观片灯等。检查中指导患者，检查结束后对结果进行分析。

由于肺功能检查需要受检者反复做呼吸或用力深呼吸动作，可能会增加呼吸道疾病的传播概率，因此房间应有良好的通风设施，并有预防和控制交叉感染的措施。

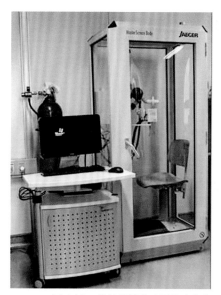

图143　带体描箱的大型肺功能仪

八、骨密度检查室

1. 骨密度检查室功能简述

骨密度全称是骨骼矿物质密度，是骨骼强度的一个重要指标，骨密度检测是反映骨质疏松程度、预测骨折危险性的重要依据。骨密度检查室属于放射科用房。常见的检测方法包括双能X线吸收测定（DXA）和足跟定量超声测定。其中，全身骨密度仪对房间有一定屏蔽要求。

2. 骨密度检查室主要行为说明

骨密度检查室主要行为见图 144。

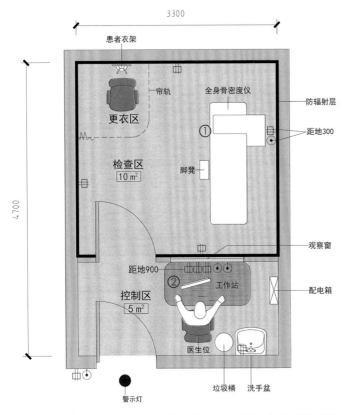

图 144　骨密度检查室主要行为示意

（1）检查区设置骨密度仪：《医用 X 射线诊断放射防护要求》（GBZ 130—2013）中对全身骨密度仪要求设备机房内最小有效使用面积为 10 m²，机房内最小单边长度为 2.5 m。设备要摆放在距墙 20 cm 以上的位置。此外，房间设置更衣区，方便患者更衣。

（2）控制区设置医生工作站：与检查区之间设置观察窗，大小可参照放射照相室观察窗的要求，净宽不小于 0.6 m，净高不小于 0.4 m。

九、口腔科清洗消毒室

1. 口腔科清洗消毒室功能简述

大部分口腔疾病的诊治均依赖于口腔器械，若消毒灭菌不彻底，会成为医院交叉感染的媒介之一，因此，应规范口腔科器械的消毒处理。《综合医院建筑设计规范》（GB 51039—2014）中也要求口腔科应增设消毒洗涤用房。

清洗消毒室为口腔科的配套功能房间，负责对口腔专业器械的收集、清洗、消毒、灭菌、保存，再发放至各诊室，其工作质量及房间布局直接影响医、护、患的健康安全（图 145）。

图 145 口腔清洗消毒室

2. 口腔科清洗消毒室主要行为说明

口腔科清洗消毒室物流及主要行为见图 146、图 147。

按照从污染 — 清洁 — 消毒 — 灭菌 — 储存 — 发放的工作流程，将房间分为初洗、消毒灭菌、储存发放三个区域。各区域通过物理屏障进行分隔。人流、气流方向由"洁"到"污"，物流方向由"污"到"洁"。

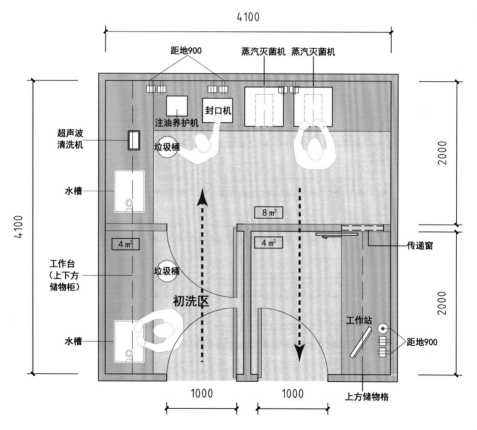

图 146 口腔科清洗消毒室物流示意

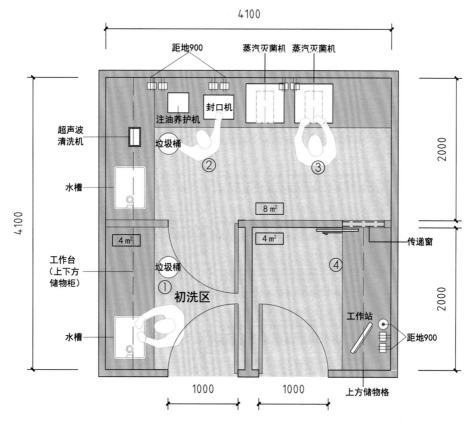

图 147　口腔科清洗消毒室主要行为示意

（1）初洗区：设置水槽，对收集来的牙科手机及器械进行初步清洗、分拣，之后进入消毒灭菌区。

（2）清洗消毒区：进行牙科手机及器械的清洗、消毒及干燥，之后进行注油养护和器械打包封装。设置水槽、超声波清洗机。

（3）消毒灭菌区：设置蒸汽灭菌机，进行预真空压力蒸汽灭菌与后真空干燥。设置高温蒸汽灭菌设备，可引用集中蒸汽供应系统。

（4）储存发放区：灭菌物品做到单向流动，经双开层传递窗传出，之后按要求分类放入无菌物品存放区，位置固定，并按灭菌先后放置。

按照《医院消毒供应中心第一部分：管理规范》要求，清洗消毒室周围环境应清洁、无污染源，区域相对独立，内部通风、采光良好。

此外功能布局合理、设计先进、功能齐全，确保口腔清洗消毒室为诊室提供合格的灭菌物品，提高医疗质量（图148）。

图 148　口腔科清洗消毒室

十、热成像检查室

1. 热成像检查室功能简述

热成像检查属于放射科用房，但和其他影像学仪器检查不同的是，热成像检查不会产生任何射线，因此，对人体和环境不会造成伤害和污染，房间无须考虑防辐射设计（图149）。

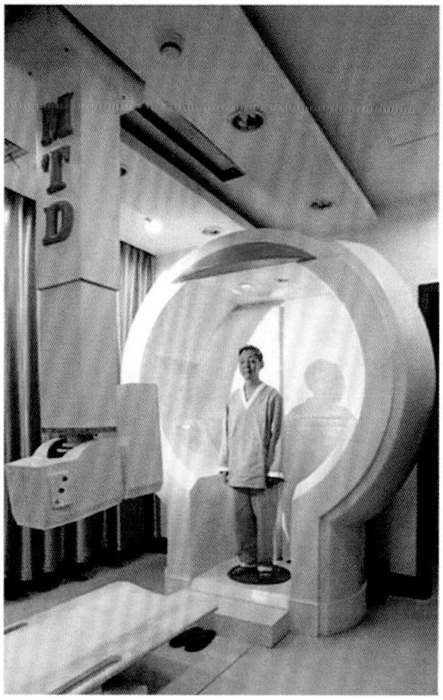

图 149　热成像检查室

2. 热成像检查室主要行为说明

热成像检查室主要行为见图 150。

（1）控制区：医生控制、操作区，设置工作站、系统控制台，接收数字信号，医生对热图进行分析和判断。房间设置观察窗，检查中观察患者情况。需注意控制室应为封闭式设计，以保护患者隐私。

（2）检查区：设置扫描架、扫描站台。为避免对检查结果造成影响，检查前患者需要更衣或去除衣物，因此需设置更衣区。房间入口处设置帘轨，检查过程中注意保护患者隐私。

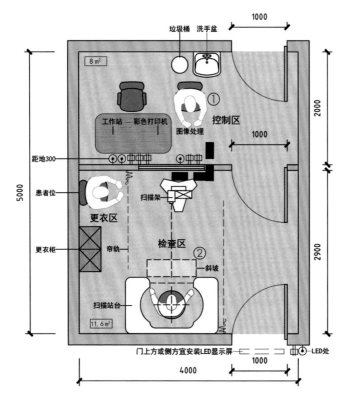

图 150　热成像检查室主要行为示意

十一、睡眠监测室

1. 睡眠监测室功能简述

　　睡眠监测室常用于呼吸内科及耳鼻喉科检查，一般设置在环境相对独立、安静的地方。每个监测房间应具有隔音、避光的基本条件。如果是睡眠监测中心，应包括接待室、监测室、中心控制室、医师诊疗室、监测准备室、CPAP 治疗室、技术员休息室、储藏间等。美国睡眠医学学会（AASM）建议监测室的房间尺寸至少为：3.0 m × 4.3 m。

2. 睡眠监测室主要行为说明

睡眠监测室主要行为见图 151。

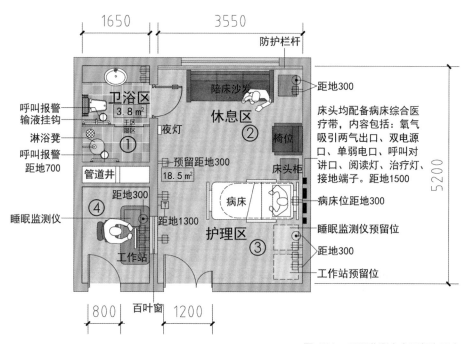

图 151　睡眠监测室主要行为示意

（1）睡眠监测室应设置为单间病房，有独立卫生间。房间布置尽量接近家庭环境，减轻患者心理压力，利于入睡，可以保证实验数据采集的可靠性。

（2）房间还可设休息区，设置陪床沙发，考虑家属陪护及休息。

（3）护理区设置病床，床头需配备治疗带。病床旁要考虑预留睡眠监测装置位置。

多导睡眠监测系统由主机、显示器、放大器、采集盒、胸腹运动传感器、体位传感器等多元件组成。采集盒需置于床头位置（图152）。

（4）监控室，设置工作站、睡眠监测仪。技术人员可通过百叶窗观察监测室病人情况。也可设置中心监控室，每个监测房间装设监控探头，监测检查者体位变化，因为体位变化会对监测产生影响。

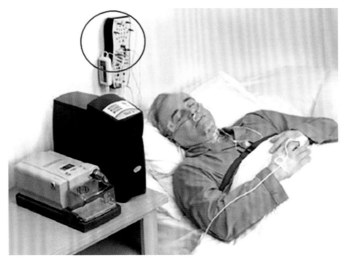

图152 睡眠监测采集盒示意

十二、中药熏蒸室

1. 中药熏蒸室功能简述

中药熏蒸室一般设置在门诊中医科，或靠近康复、理疗科的位置。房间需设置通风设备和除湿设备，并应考虑药品、耗材及医疗垃圾的存放空间。

2. 中药熏蒸室主要行为说明

中药熏蒸室主要行为见图 153。

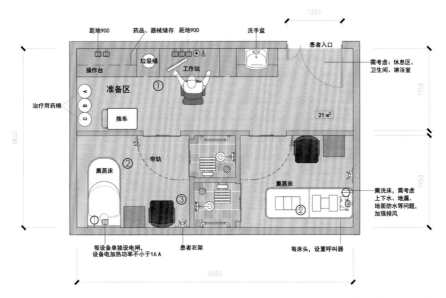

图 153　中药熏蒸室主要行为示意

（1）房间可分为护士工作准备区和患者熏蒸治疗区。准备区用于熏蒸前药物准备，护士将药装入纱布袋中，随后放入中药煮蒸器中煎煮。该区域设置操作台、工作站、储物柜等。

（2）熏蒸治疗区设置熏蒸床，有电脑控制太空舱式熏蒸床，可进行全身或局部熏蒸，也有传统中式熏蒸床。

（3）一次熏蒸治疗时间约为 20 ~ 30 分钟，熏蒸后需要休息一段时间，之后可进行淋浴。房间可设置休息区，并设隔帘保护隐私。

十三、血管造影 DSA 室

1. 血管造影 DSA 室功能简述

DSA 室属于介入治疗用房，一般自成一区，且应与急诊部、手术室、心脏监护病房等有便捷联系，并符合放射防护及无菌操作条件。有菌区、缓冲区及无菌区分界清晰，有单独的更衣洗手区域。DSA 室包括扫描室及其辅助用房，辅助用房包括患者准备室、控制室、医护更衣室、谈话室、库房、设备机房等。

2. 血管造影 DSA 室主要行为说明

血管造影 DSA 室主要行为见图 154。

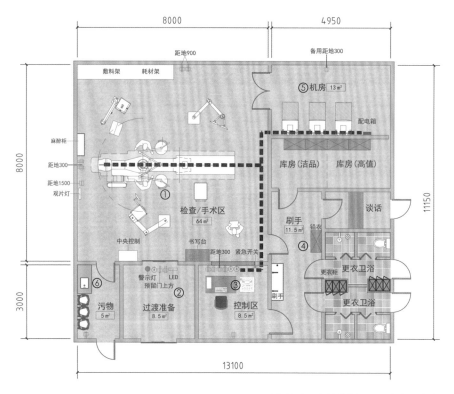

图 154　血管造影 DSA 室主要行为示意

（1）扫描室：DSA 扫描室放置扫描床、DSA 设备、心电监护设备，有具备存放导管、导丝、造影剂、栓塞剂以及其他物品、药品的存放柜等。DSA 设备可分为数字化多功能 X 线机和数字化 C 臂 X 线血管造影系统。后者又可分为悬吊式和落地式数字化单 C 臂机和数字化双 C 臂机（图 155）。扫描间温度要求为23 ~ 24℃。

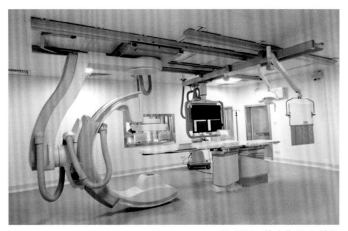

图 155　数字化双 C 臂机

（2）准备室：也是过渡区，用于术前患者更衣、信息核对等工作。

（3）控制室：控制室内装有系统控制台、病人监视屏等设施。墙面设置铅玻璃观察窗，便于控制室人员与手术者的配合。室内温度应为 20 ~ 22℃。

（4）设置医护更衣卫浴及刷手间，手术者洗手后直接进入扫描室。

（5）设备机房：放置计算机柜和配电柜。夏季室内温度应小于 35℃。

（6）需设置污物通道。

根据《综合医院建筑设计规范》（GB 51039—2014）的规定，心血管造影室的操作区净化级别宜为Ⅲ级。

十四、小型临床化验室

1. 小型临床化验室功能简述

小型临床化验室主要是用来快速进行细菌、微生物以及各种体液（尿液、组织液等）的成分进行分析鉴定及生化免疫项目检验的场所，为医生的准确诊断提供参考。房间需设置排风系统，并采取一定消毒方式。

小型临床化验室可用于急诊科。房间内分为清洁区、污染区，区域之间应有隔断隔开。小型实验室因空间受限，工作台一般设在墙边，房屋中间摆设大型和主要仪器设备（图 156）。

图 156　小型临床化验室

2. 小型临床化验室主要行为说明

小型临床化验室主要行为见图 157。

（1）污染区：污染区为检验实验区，设置操作台、自动生化免疫监测仪工作站、各种检验分析仪等。

（2）清洁区：主要为更衣、办公区，设置工作站，通过内网系统完成检验数据的上传工作。

（3）接收窗：需要检验的样品通过接收窗接收和传递。

（4）在实验室的出口处应设有非手动洗手装置和紧急洗眼装置。

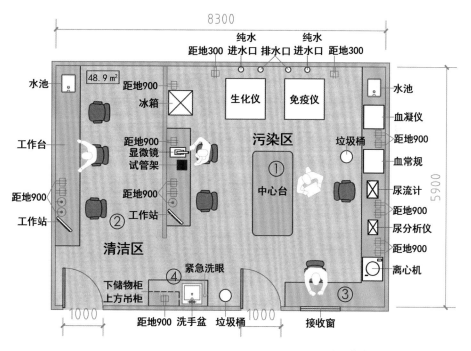

图 157　小型临床化验室主要行为示意

十五、术后恢复室

1. 术后恢复室功能简述

术后恢复室又称麻醉后监测治疗室（Post-Anesthesia Care Unit, PACU），是现代麻醉科的重要组成部分，是对手术麻醉后患者进行严密观察和监测、继续治疗直至患者的生命体征恢复稳定的场所（见图 158）。

术后恢复室属于洁净区辅助用房，为方便转运，应靠近手术间设置。复苏床位数可按与手术间数之比 1：1.5 至 1：2 之间进行设置，或参照医院方的使用需求。

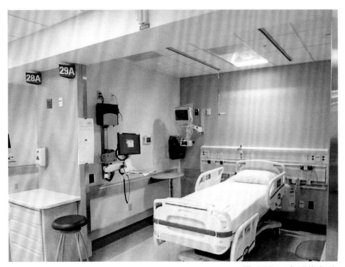

图 158　术后恢复室

2. 术后恢复室主要行为说明

术后恢复室主要行为见图 159。

（1）术后恢复室采用大开间设置，集中监护。每个监护单元设置设备带、监护仪、呼吸机、抢救设备等。床间净距可按照重症医学科相关规范以不小于 1.2 m 的标准设置。

（2）设置移动工作站，护士在床尾进行监护、记录等工作。此外，需预留抢救车及其他抢救设备存放位。

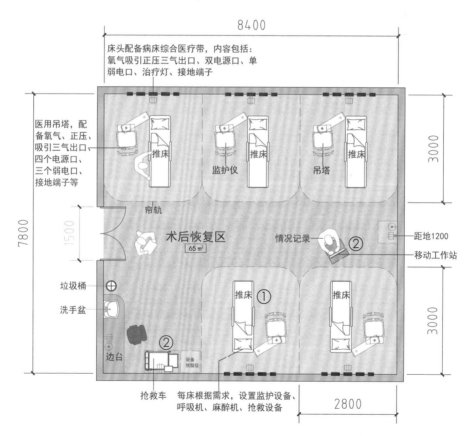

图 159　术后恢复室主要行为示意

十六、超声检查室

1. 超声检查室功能简述

超声检查室属于功能检查科用房，是利用超声设备对患者进行检查的场所。应与门诊部、住院部有便捷联系。超声检查范围包括胸腹部检查、颅脑检查、心血管检查、妇产科检查等。此外超声设备对电源有特殊要求，建议使用纯净电源。

2. 超声检查室主要行为说明

超声检查室主要行为通过图 160 展示。

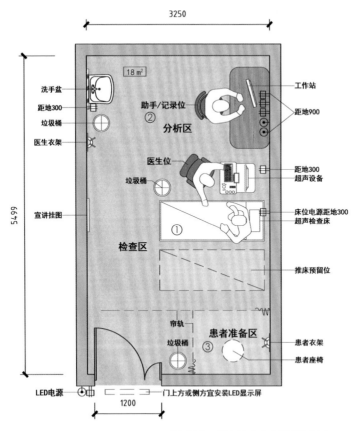

图 160 超声检查室主要行为示意

（1）检查区：为方便患者就近上床检查，检查床设在靠近入口处，设置隔帘，检查中需保护患者隐私。并预留平车、轮椅停放位。医生通常为右手操作，医生位和超声设备位于患者右侧。

（2）分析区：设置工作站、助手位，检查过程中需协助检查医生进行记录。

（3）准备区：设置患者准备区，便于检查前更衣准备。

此房型使用面积为 18 m^2。对于医学影像诊断中心中设置的超声科，《医学影像诊断中心基本标准（试行）》（〔2016〕36号）中要求：每台超声诊断设备使用面积不小于 20 m^2。

十七、心电检查室

1. 心电检查室功能简述

心电图是临床最常用的检查之一。可以记录人体正常心脏的电活动，也可以帮助诊断心律失常、心肌缺血、心肌梗死等疾病。为了反应心脏不同面的电活动，在人体不同部位放置电极，以记录和反映心脏的电活动。

心电检查室属于功能检查科用房，应与门诊部、住院部有便捷联系。每台心电图机配备一张检查床，为一医一患形式。

2. 心电检查室主要行为说明

心电检查室主要行为见图 161。

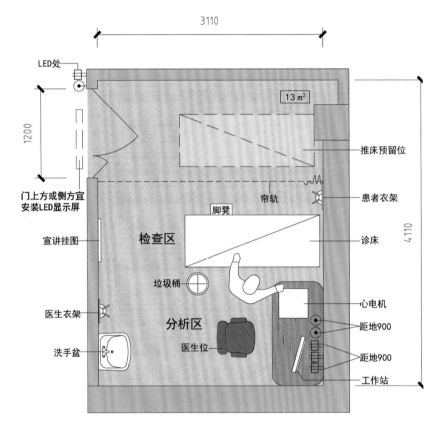

图 161　心电检查室主要行为示意

　　心脏位于胸腔中纵膈内偏左侧。检查时，电极片需到达患者左侧腋中线位置，因此将医生位及心电图机设置在患者卧位的左侧，便于操作。

目前，心电图检查大部分采用床头便携式设备，同时也有同步显示多导联心电波形的电脑式心电图设备（见图 162）。

此房型使用面积为 13 m^2。对于医学影像诊断中心中设置的心电图室，《医学影像诊断中心基本标准（试行）》（〔2016〕36 号）中要求：心电图室使用面积不少于 20 m^2。

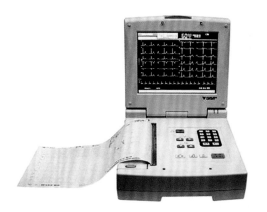

图 162　电脑式心电图

图书在版编目（CIP）数据

医疗功能房间详图详解 . I ／ 北京睿勤永尚建设顾问有限公司编著. —— 南京 ：江苏凤凰科学技术出版社，2018.1

ISBN 978-7-5537-8766-4

Ⅰ．①医… Ⅱ．①北… Ⅲ．①医院－建筑设计－图集 Ⅳ．①TU246.1-64

中国版本图书馆CIP数据核字(2017)第293692号

医疗功能房间详图详解 I

编　　　著	北京睿勤永尚建设顾问有限公司
项 目 策 划	凤凰空间／翟永梅
责 任 编 辑	刘屹立　赵　研
特 约 编 辑	段梦瑶

出 版 发 行	江苏凤凰科学技术出版社
出版社地址	南京市湖南路1号A楼，邮编：210009
出版社网址	http://www.pspress.cn
总 经 销	天津凤凰空间文化传媒有限公司
总经销网址	http://www.ifengspace.cn
印　　刷	天津市豪迈印务有限公司

开　　本	710 mm×1000 mm　1/16
印　　张	10.25
字　　数	131 000
版　　次	2018年1月第1版
印　　次	2018年1月第1次印刷

标 准 书 号	ISBN 978-7-5537-8766-4
定　　价	58.00元

图书如有印装质量问题，可随时向销售部调换（电话：022-87893668）。